点亮科学梦想

数据分析思维

王惠文　孔博傲　吴祁颖　王晓情　编著

李　敏　绘

中国科学技术出版社

·北　京·

图书在版编目（CIP）数据

点亮科学梦想 . 数据分析思维 / 王惠文等编著；李敏绘 . -- 北京：中国科学技术出版社，2023.3

ISBN 978-7-5236-0122-8

Ⅰ. ①点… Ⅱ. ①王… ②李… Ⅲ. ①科学技术—创造教育—中小学—教学参考资料 Ⅳ. ① G634.73

中国国家版本馆 CIP 数据核字（2023）第 048272 号

丛书编委会

主　　编	王惠文	叶　强			
副主编	朱　英	韩小汀	魏　茜	王　硕	方泽华
编　　委	刘朋举	赵芮箐	郭雨欣	石婧怡	贠启豪
	张严文	武相铠	孔博傲	吴祁颖	王晓情
	刘杨杨	高德政	王燕杰	刘栖熙	林龙云
	罗吴迪	尹月莹	刘家祥	张子言	张馨于
	祁子欣	王梓硕	任明煦	卢嘉霖	张学文
	殷博文				
绘　　画	王葳蕤	李　敏	闫兴洁	周明月	岳安达

序

这是一套关于科技创新教育的科普读物，主要面向中小学生，以"启蒙—探索—创意—实现—发展"的科学思维培养路径为主线，以科学素养的技能培训为辅线，培养学生发现问题、分析问题和解决问题的能力。习近平总书记曾经在科学家座谈会上指出："好奇心是人的天性，对科学兴趣的引导和培养要从娃娃抓起，使他们更多了解科学知识，掌握科学方法，形成一大批具备科学家潜质的青少年群体。"因此，组织开展丰富多彩的科学普及活动，系统传授与创意、创新、创造相关的理论和方法，将有助于增强青少年的科学素养与创新意识，点亮孩子们心中的科学梦想。

2018年夏，在中国科学技术协会的指导和支持下，北京航空航天大学启动了"北航大学生科技志愿服务队"的组建工作。作为首都高校科技志愿服务总队的首批成员，北航大学生科技志愿服务队先后赴山西省吕梁市的中阳县阳坡塔学校、临县南关小学和临县四中等学校，举办中小学生的暑期科创训练营活动，出队队员累计200余人次，惠及山区中小学生近400人次。为了帮助志愿服务队的队员们系统掌握与科普、科创教育相关的理论和方法，我们还创建了面向北京航空航天大学全校本科生的通识课程"大学生社会实践：面向乡村中小学的科创教育"。在连续多年的理论培训和出队实践中，志愿服务队的老师和同学撰写了10多万字的讲义资料，而这套科普丛书正是从这些讲义中凝练出来的。

按照课程的框架体系，丛书分为5个分册。其中，《创意设计思维》旨在帮助同学们聚焦学习和生活中的痛点问题，关注相关领域的科技前沿成果，掌握创意设计的基本原理与方法。《数据分析思维》既可以配合创意过程中的调查研究工作，也可以提高同学们的数据可视化能力和计算机操作技能。《趣味科学实验》将通过探究生活中的一些有趣现象，增强同学们对未知世界的好奇心和探索能力。《信息素养通识》是要在创意研究过程中，带领同学们学习运用互联网检索文献资料，并学会报告撰写、演示文稿（PPT）制作，以及路演展示。而《生涯规划启蒙》将帮助同学们领悟学习的意义，带领他们满怀热情地出发，在未来遇见更好的自己。

激发青少年的好奇心和想象力，增强他们的科学素养和创造未来的能力，对加快建设科技强国和夯实人才基础具有十分重要而深远的意义。笔者真诚期望通过该科普系列读物的编写和出版，能进一步助力大学生以科技志愿服务来赋能青少年科创教育，在服务国家需求和助力乡村振兴的事业中做出更大的贡献。同时，衷心希望通过这套丛书，可以点亮孩子们心中的科学梦想，激发他们的好奇心和想象力，增强他们的科学兴趣和创新能力。期待每一个孩子都会惊奇地发现"自己也可以是一颗发光的星"！

北航大学生科技志愿服务队在历年的出队过程中，得到了中国科学技术协会、北京航空航天大学、首都高校科技志愿服务总队、中国科学技术馆、中国科学技术出版社、吕梁市政府、中阳县政府、临县政府，以及中阳县阳坡塔学校、临县四中、临县南关小学的大力支持。在本书出版之际，作者愿借此机会，向所有支持和帮助我们的领导、老师和朋友们表示衷心感谢！

北航大学生科技志愿服务队
2022 年 10 月

前言

在信息技术快速发展的时代，我们无时无刻都会接触各种各样的数据。如果能够合理地分析这些数据，发现其中的规律，这将对我们的工作和生活都带来极大的帮助！

本书以一个童话故事为背景，带领大家运用 Excel 软件，学习饼图、折线图、柱形图、雷达图、气泡图等统计图表的绘制方法，并且了解平均值和极差等统计知识。希望同学们通过认真学习和积极实践，不仅能学会如何准确地展示数据中的关键特征，也能去发掘那些隐藏在数据背后的秘密。

我们的故事，要从一座热闹的大森林开始。这里住着一位博学多识的访德博士。他每天都在实验室里工作，还发明了"数据分析百宝箱"。访德博士有一位聪明的小助手叫新新，是一只热情善良的小兔子。新新的小伙伴叫阳阳，他是一只勇敢率真的小狗。他俩还有一位好朋友叫团子，是一只热爱美食的小熊猫。

有一天，不知为什么，团子不见了。新新、阳阳带着"数据分析百宝箱"，一路寻找着团子失踪的线索。他俩一起穿越了茂密的竹林，渡过了湍急的河流，来到了一座陌生的城市，还遇见了神秘的卡库大叔。在这个过程中，统计数据会对他们有什么帮助呢？就让我们一同步入这段奇妙之旅吧！

人物介绍

新新
小兔子，聪明热情，是访德博士的小助手，经常去博士的实验室帮忙。

阳阳
小狗，勇敢直率，是新新最好的朋友。

团子
小熊猫，憨厚可爱，迷恋美食，是大家公认的美食家。

访德博士
猫头鹰，博学多识，在大森林里拥有自己的实验室，还发明了"数据分析百宝箱"。他的口头禅是"数据是会说话的"！

卡库大叔
鳄鱼，长相有点凶，不是大森林的原住民。

目录

1 神秘失踪的团子

1.1 饼图——日记中的食材结构……………4
1.2 折线图——食材重量的变化规律………13
1.3 柱形图——岔路口的脚印……………19
1.4 雷达图——橡皮艇的优势……………26

2 美食城里的彩色餐厅

2.1 数据条——找到美食城………………36
2.2 色阶图表——彩色餐厅的特色…………44
2.3 树状图——人气菜品是什么呢…………53
2.4 散点图——还有那些漂亮的小气泡……62

3 数据带来的启发

3.1 排序与求和——卡库大叔的烦恼 ················ 76
3.2 堆积柱形图——清炒桃丝竹与青草饼干 ········ 87
3.3 面积图——新新的小妙招 ·························· 96
3.4 平均值与极差——从数据中获取信息 ········· 104

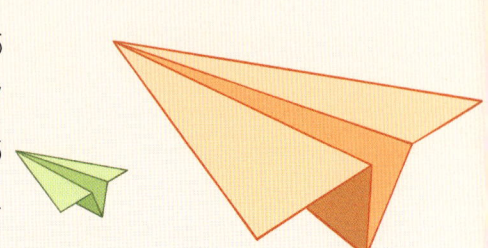

4 综合练习

4.1 问卷数据分析——新星小学的科创训练营 ········ 116

请扫码获取本书
《配套数据资源》

1 神秘失踪的团子

一天，新新和阳阳来到团子家中找他玩耍，却发现团子没在家，而且还没有锁门。俩人非常担心，慌忙来到数据分析实验室，向访德博士请教。新新着急地问：访德博士，团子会不会失踪了？

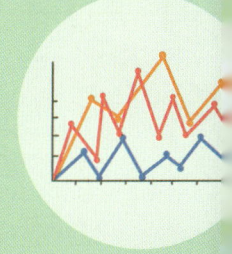

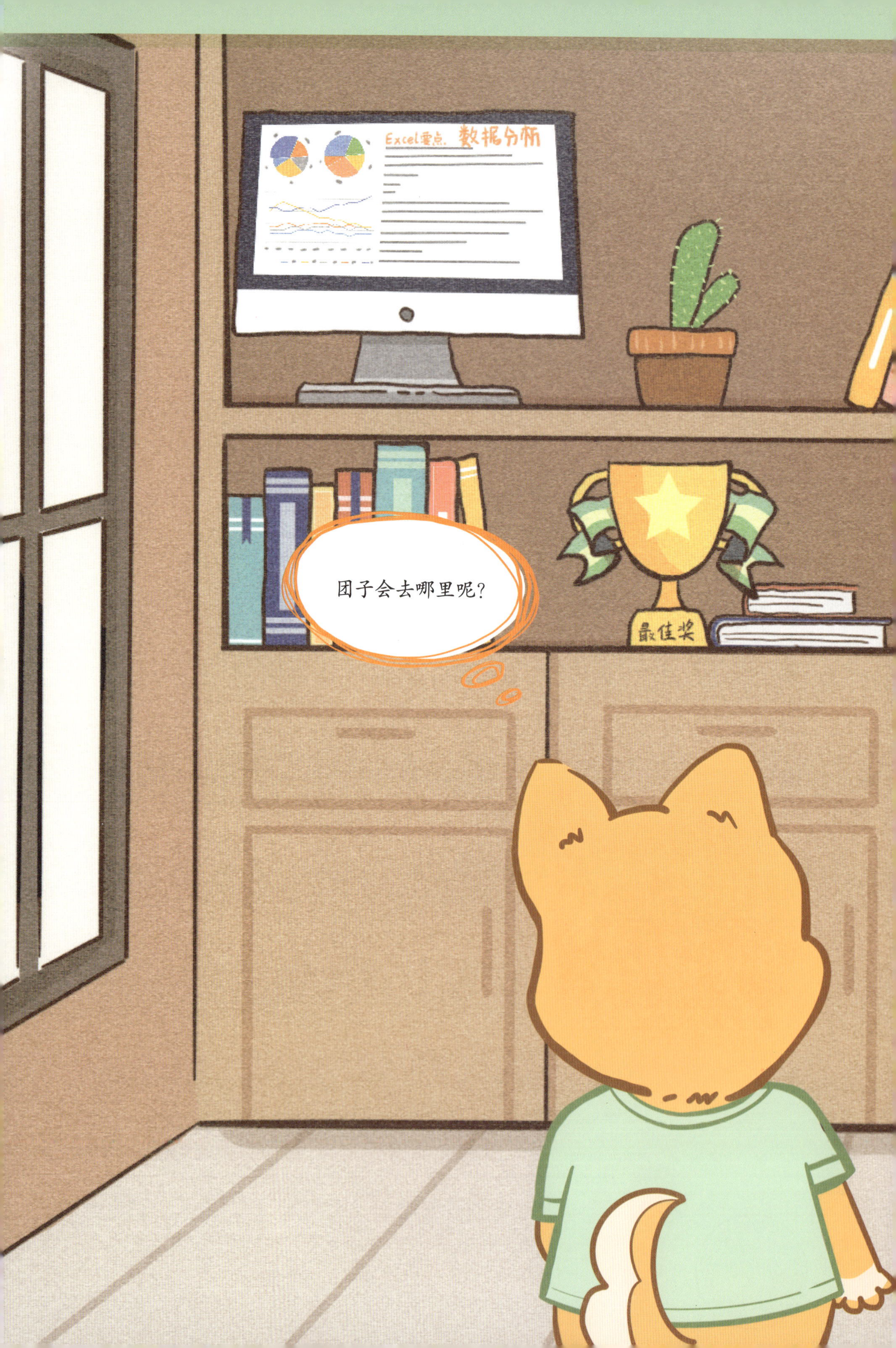
Excel重点. 数据分析
团子会去哪里呢?
最佳奖

访德博士把"数据分析百宝箱"递给了新新,这里面有"森林天气预报"以及"森林出行"等网站平台,还有 Excel 软件及其使用指南。

你们如果用数据分析,就一定能尽快找到团子的。

1.1 饼图
——日记中的食材结构

俩人再次来到团子家收集线索，发现了团子放在餐桌上的日记。日记中记录了团子每天使用的食材名称与重量等数据，其中有冷箭竹、四季竹、斑竹、桃丝竹，以及一些水果。

> 新新，我用团子昨天使用的食材重量数据，绘制了一张饼图。

你看图 1.1.1，在团子昨天所使用的食材的结构中，冷箭竹的扇形面积最大，达到了 31%。难道他是出门采集冷箭竹了吗？

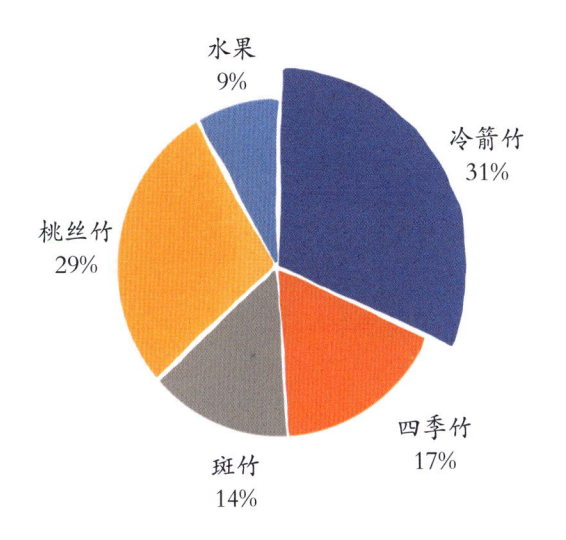

图 1.1.1　团子昨天所消耗的各种食材量的比例

一学一学

阳阳拿出博士所给的"数据分析百宝箱"，利用 Excel 软件，绘制了一张饼图。

图 1.1.2 是团子昨天使用食材的具体数据。你也可以找到本书"配套数据资源"中的 Excel 数据文件 **"饼图—各种食材消耗量 .xlsx"**（或者扫描图 1.1.2 右侧二维码），并打开数据文件。

	A	B
1	食材种类	重量
2	冷箭竹	11
3	四季竹	6
4	斑竹	5
5	桃丝竹	10
6	水果	3
7		

扫码打开文件

图 1.1.2　团子昨天消耗各种食材的重量（单位：千克）

5

在打开文件之后,请你选中所有数据。接着,再单击菜单栏中的"插入",找到"图表"选项区域,点击饼图的快捷图标"🥧▼",并在其中选择"二维饼图",如图1.1.3所示。

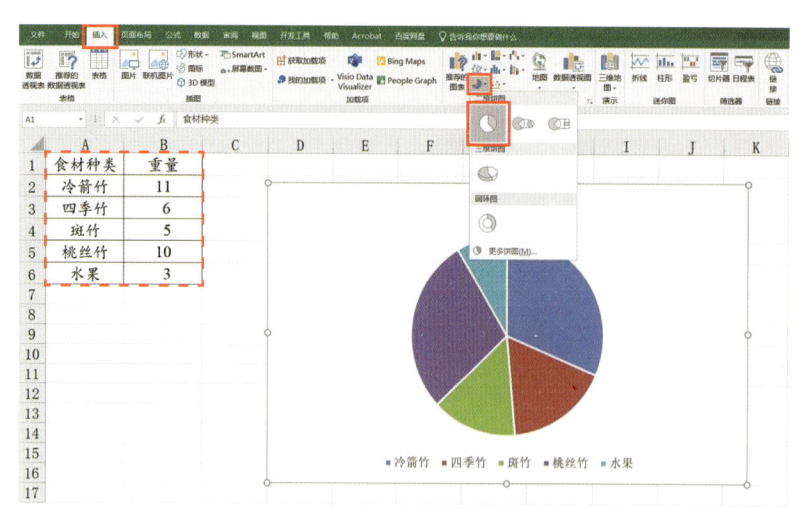

图 1.1.3 选择"二维饼图"

> 但这样,还不是一个完整清晰的饼图!我们还可以通过设置"数据标签",来标识每个扇形面积所对应的食材名称及其比重!

方法一:利用图表右边的小加号"➕",可以添加数据标签。请你单击"数据标签"选项右侧的小三角形"▶",就可以设置数据标签的位置了!

比如在图1.1.4中,首先要选择"数据标签"。接下来,请选中"数据标签外"和"数据标注",就会在相应的扇形面积旁边,标识上冷箭竹、四季竹等食材名称,以及它们所对应的百分比数据。

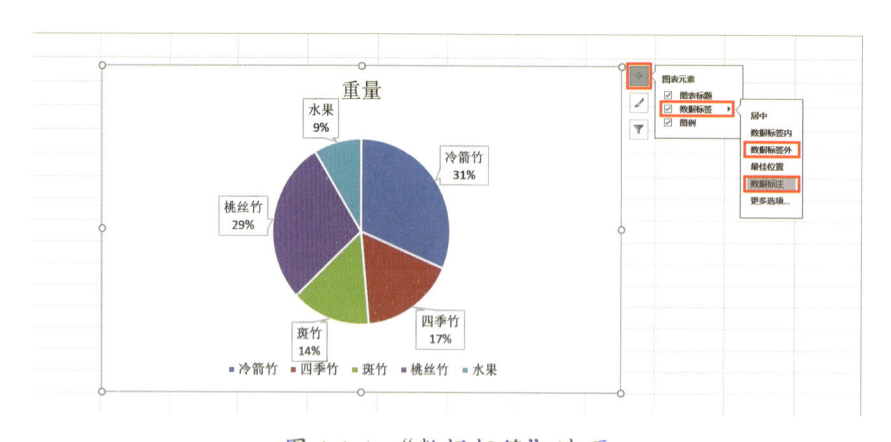

图 1.1.4 "数据标签"选项

此外,还建议删去"图例"的选项,这样得到的饼图整体上会更加清晰简洁哦!

接下来如果想要删除"数据标注"外的边框，应该怎么做呢？

首先选中数据标注的边框，点击右键；然后单击"边框"的小图标"✏️ ▾"，再选中"无轮廓"即可，如图1.1.5所示。

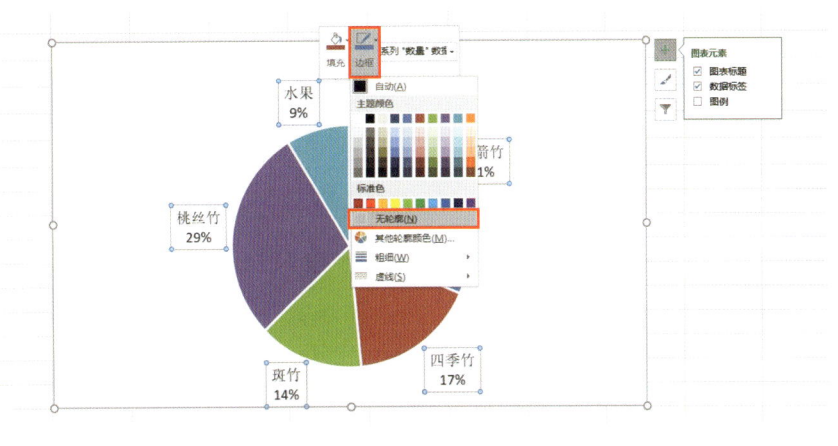

图 1.1.5　删除数据标注文本框外的边框

当然，我们也看到，除了"无轮廓"还有许多颜色选项，相信聪明的你已经猜到，在绘图过程中可以根据需要，选择合适的颜色进行边框颜色修改哦！

方法二：你也可以用鼠标右键单击这个饼图，然后点击"添加数据标签（B）"右侧的小三角形 ▶；在紧接着出现的下拉框中，选择"添加数据标注"即可，如图1.1.6所示。

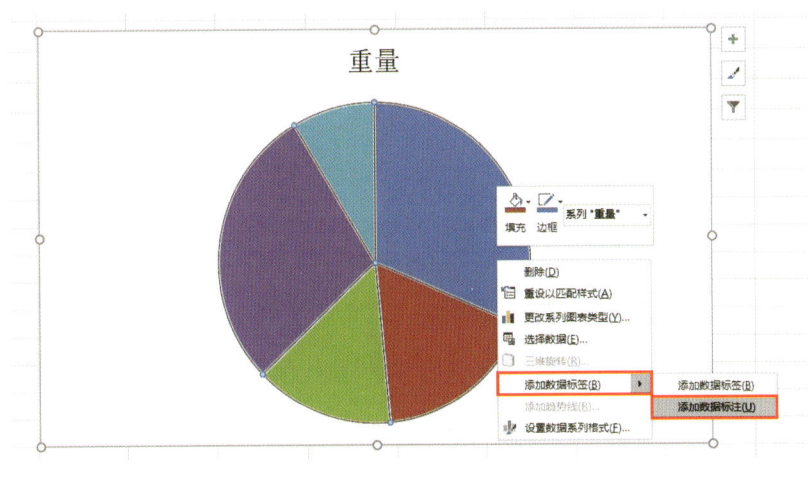

图 1.1.6　"添加数据标签（B）"选项

接下来，让我们学习一些饼图的美化技巧，让饼图拥有不同的风格。

我们可以对饼图中各个扇形的颜色进行修改。点击相应扇形区域，单击右键，打开"填充"选项，选择自己喜欢的颜色，就可以更改相应扇形区域的色彩了（图1.1.7）。

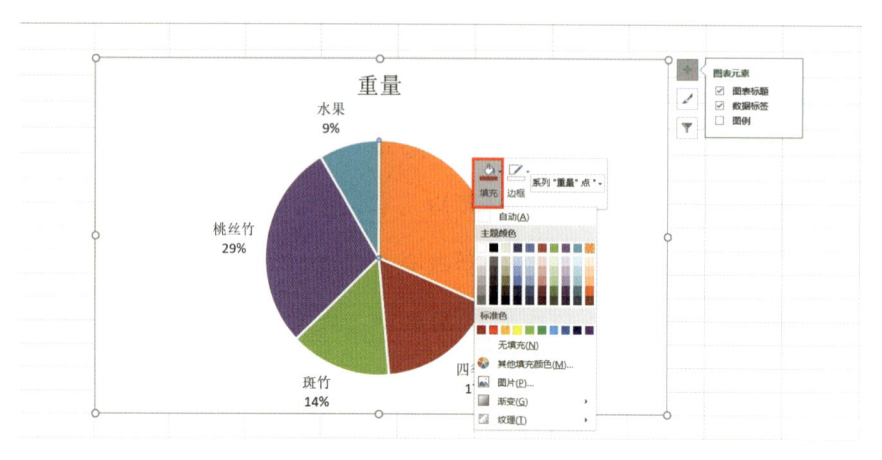

图1.1.7　更改扇形区域的颜色

此外，还可以对饼图中"数据标签"的字号进行修改哦。

首先点击左键，选中所有的"数据标签"；然后在 Excel 软件的功能栏的左上方，找到"字号—更改文字大小"的下拉框；接下来选择自己喜欢的字号大小，就可以更改图中数据标签的字号了！例如在图1.1.8中，字号便被修改为12号。

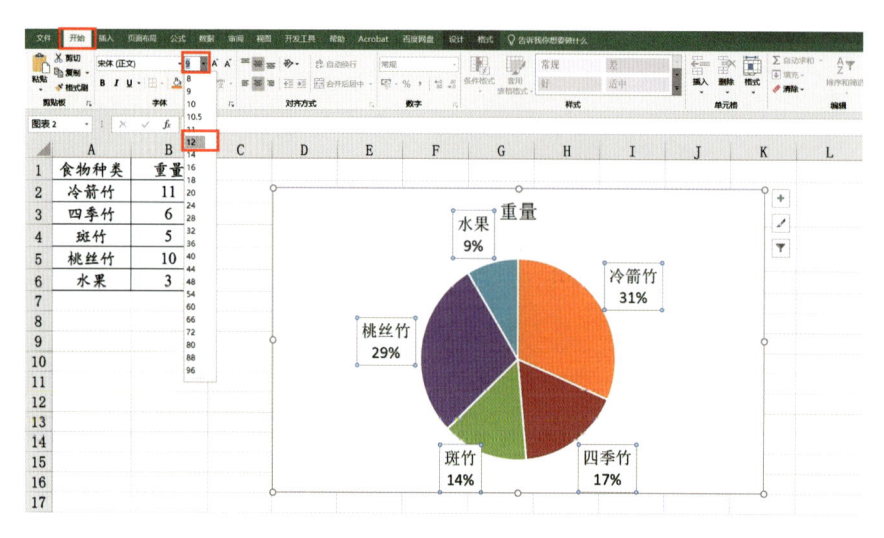

图1.1.8　更改数据标签的字号

> 为了让图表的含义更加直观和准确，大家还可以修改"图表标题"。

当你初始绘制饼图时，按照图 1.1.3 中所介绍的操作步骤，Excel 软件自动生成的图表标题是"重量"。然而，如果把这个标题修改为"各种食材消耗的比例"（图 1.1.9），你是否觉得这张图所传递的概念会更加清晰呢？

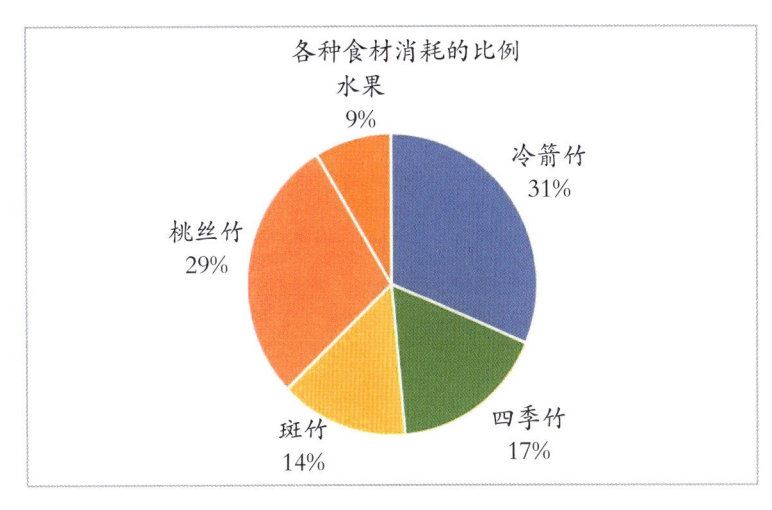

图 1.1.9　修改了标题的饼图

通过上述步骤，就可以得到这样一张能够显示团子在昨天各种食材消耗量的饼图了（图 1.1.9）。通过绘制饼图，新新和阳阳发现消耗量最多的食物是冷箭竹，因此他们推断团子有可能前去了冷箭竹林。

大家还可以根据自己的爱好与需要，对饼图做进一步的修饰和调整哦！

　　比如在有些情况下，我们希望去掉图 1.1.9 外侧的大边框，你知道该怎么办吗？（请你参考刚才删除"数据标注"外边框的步骤）

　　又比如在撰写研究报告时，按照学术规范的要求，在每一张图的下方，都要给出图号与图题。这时候，我们就不需要图 1.1.9 中的"图表标题"了。那么请你想一想，怎么才能去掉饼图上"图表标题"呢？请你尝试一下，如何得到与图 1.1.10 一样的饼图。

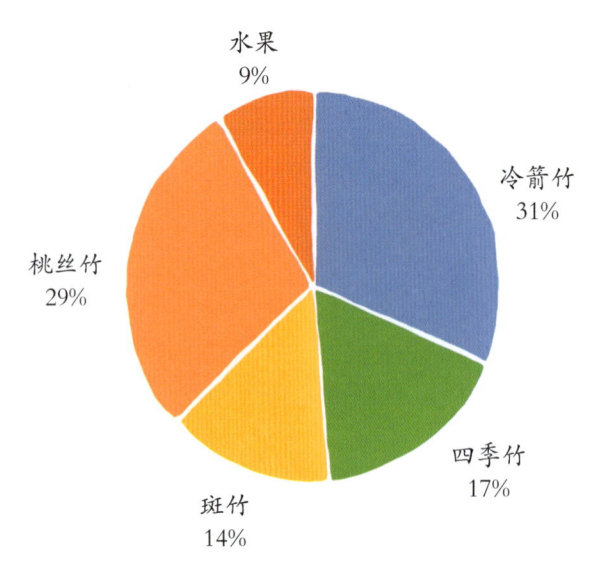

图 1.1.10　删除了标题和去掉外侧边框的饼图

数据分析百宝箱

　　饼图最适合表达数据的结构特征。比如根据团子的日记中关于昨天消耗的各种食材的重量，我们通过绘制饼图，就可以直观地看出各种食材所占的比例。需要注意的是，对整个饼图来说，所有扇形的百分比之和恰好等于 100%。

二 想一想

请你回忆一下,你和阳阳绘制饼图的过程主要分为哪几个步骤呢?各步骤的具体操作是怎样的呢?快来总结一下吧!

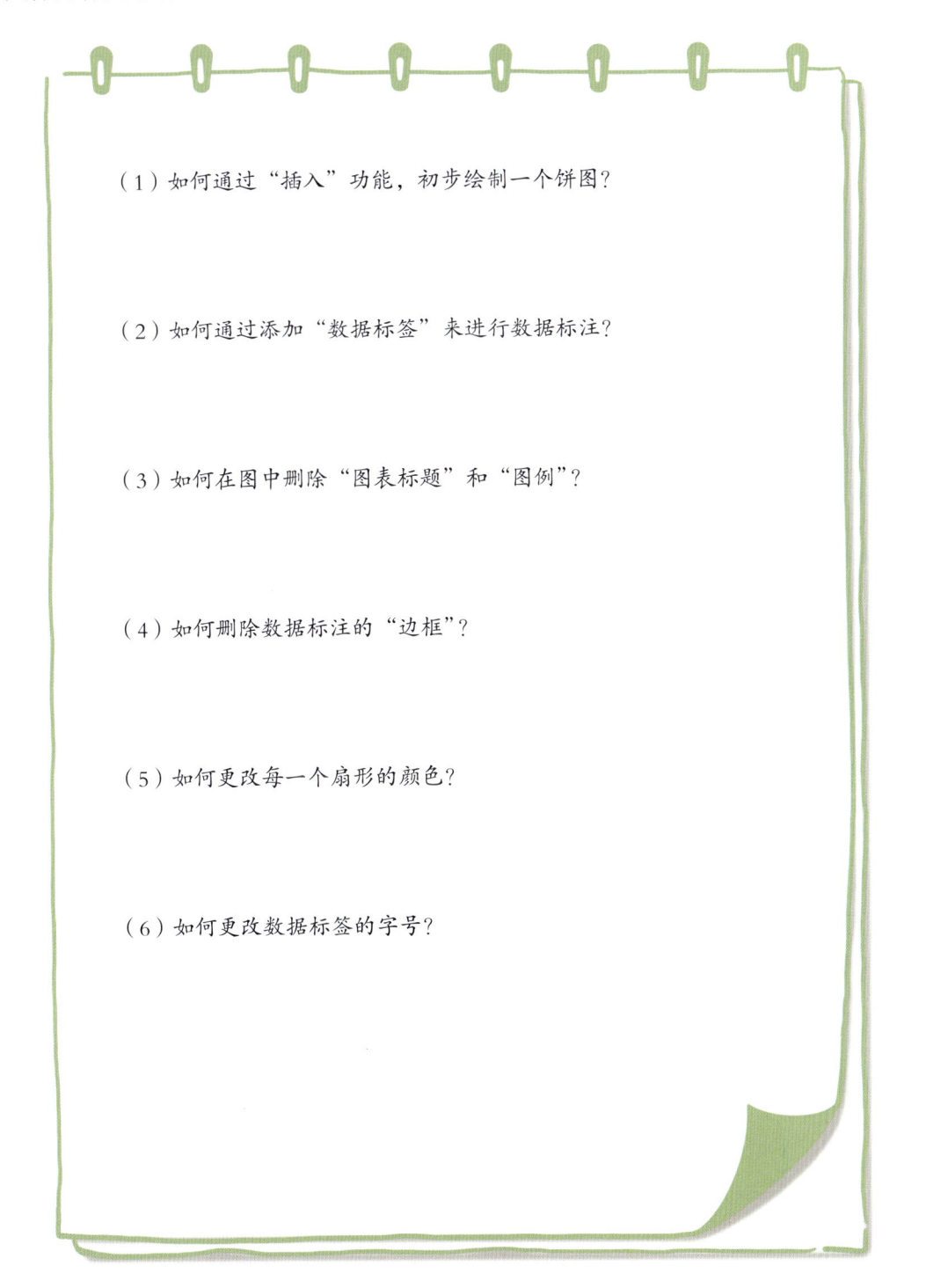

(1)如何通过"插入"功能,初步绘制一个饼图?

(2)如何通过添加"数据标签"来进行数据标注?

(3)如何在图中删除"图表标题"和"图例"?

(4)如何删除数据标注的"边框"?

(5)如何更改每一个扇形的颜色?

(6)如何更改数据标签的字号?

三 做一做

大家已经学会利用 Excel 软件绘制给定数据的饼图了吗？快来做一做，帮助新新统计一下她所拥有的不同颜色的积木数量吧！

新新的积木统计

聪明的新新特别喜欢收藏各种各样的积木。在利用 Excel 软件绘制完饼图后，新新也统计了一下她所拥有的不同颜色的积木数量，详见表 1.1.1。大家可以打开"配套数据资源"中的 Excel 数据文件**"饼图—新新的积木统计.xlsx"**（或扫描右侧二维码打开文件）。请你和新新一起，绘制一张积木颜色的饼图吧！

表 1.1.1　新新不同颜色的积木数量

颜色	数量/块
红	26
橙	43
黄	38
绿	17
蓝	62
紫	46
粉	51

扫码打开文件

画完之后，请你回忆一下，你和新新绘制饼图的过程主要分为哪几个步骤呢？各步骤的具体操作是什么呢？快来总结一下吧！

1.2 折线图
——食材重量的变化规律

新新仔细翻看了团子的日记，发现了一条更加翔实的线索。她整理了团子近半个月以来采集这些食材的记录数据（图 1.2.1），绘制了一张"折线图"。她发现：虽然昨天团子消耗冷箭竹的重量是比较多的，但是他近期采集桃丝竹的重量却是增长最快的。

我猜，团子近来一定是更偏爱桃丝竹了吧？

为什么呢？

虽然团子昨天消耗冷箭竹的重量比较多，但从他的食材记录的时间规律来看，桃丝竹的重量却增长得非常快！

	A	B	C	D	E	F
1	日期	冷箭竹	四季竹	斑竹	桃丝竹	水果
2	4月1日	15	4	4	5	3
3	4月2日	14	5	5	5	3
4	4月3日	13	5	5	6	3
5	4月4日	13	6	4	6	2
6	4月5日	12	5	5	7	3
7	4月6日	12	5	5	7	3
8	4月7日	11	6	5	8	4
9	4月8日	10	6	5	8	3
10	4月9日	11	6	5	9	4
11	4月10日	11	6	4	10	4
12	4月11日	11	5	5	11	4
13	4月12日	10	6	5	12	3
14	4月13日	10	6	4	13	3
15	4月14日	11	5	4	12	3
16	4月15日	11	5	4	10	3

图 1.2.1　团子近 15 天的食材消耗量记录数据（单位：千克）

一 学一学

为了反映团子的食材记录数据的时间规律，我们来绘制一张折线图。

打开"配套数据资源"中的 Excel 数据文件 **"折线图—团子近十五日消耗食材的重量 .xlsx"**（或者扫描图 1.2.2 左侧的二维码）；然后请同时选中所有数据。

接下来，请单击菜单栏中的"插入"选项，找到"图表"选项区域；点击折线图的快捷图标"〰️▼"，并选择"二维折线图"（图 1.2.2）；这样就会得到一张初步的折线图了。

扫码打开文件

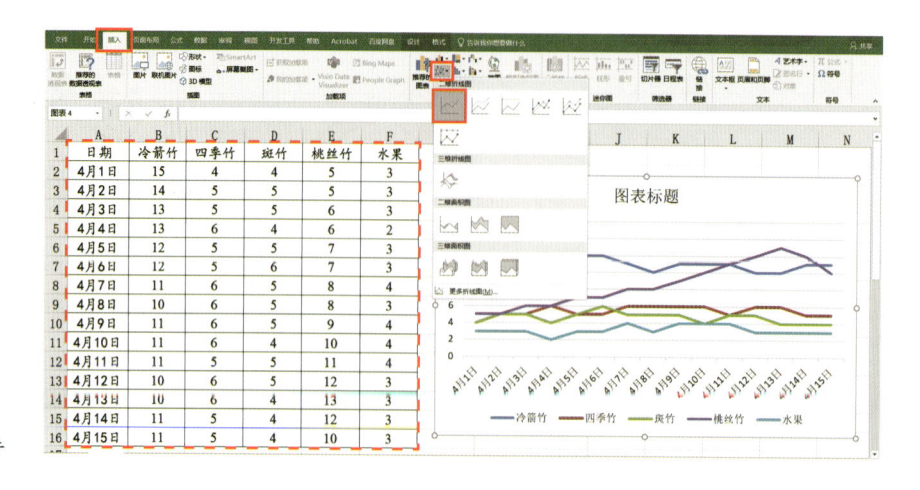

图 1.2.2　打开数据文件并插入折线图

14

接下来，我们来考虑如何增添折线图中的"坐标轴标题"。

如图 1.2.3 所示，首先点击在图表区右上方的小加号"+"，然后选中"坐标轴标题"；接着，你就会在图表的横坐标下边以及纵坐标的左边，同时看见"坐标轴标题"的文本框。在该图中，建议你把横坐标的标题修改为"日期"，把纵坐标的标题修改为"食材消耗量"（为了图表简洁起见，可以删除"图表标题"）。

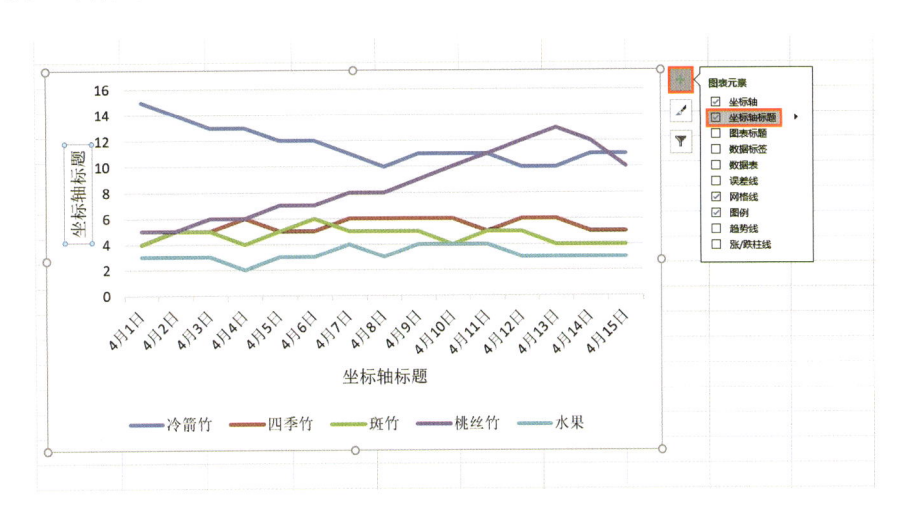

图 1.2.3　增加"坐标轴标题"的步骤

按照上面的步骤，我们可以得到图 1.2.4。与图 1.2.3 相比，在图 1.2.4 中增加了关于坐标轴的名称，大家是不是觉得这张图所传达的信息更加完整和清晰了呢？

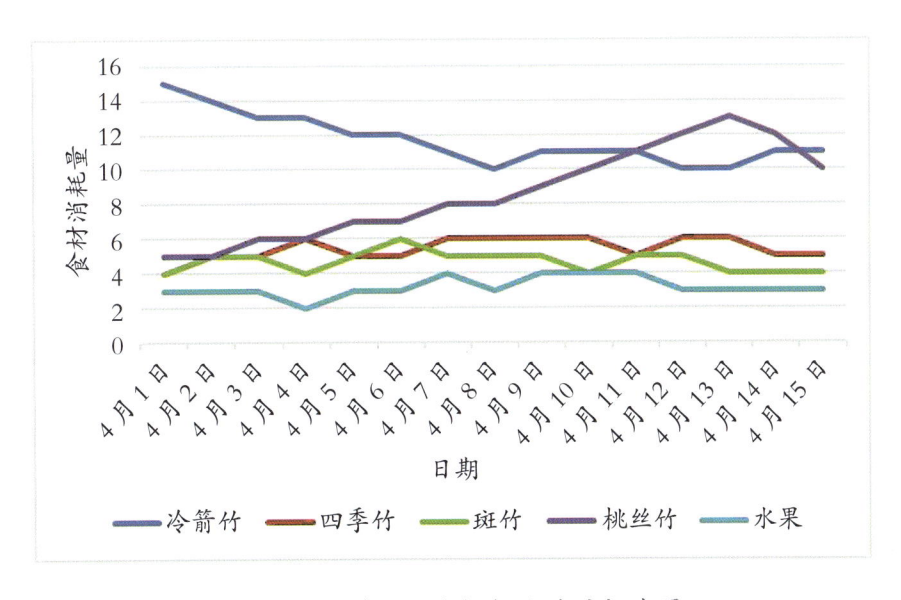

图 1.2.4　增加了坐标轴名称的折线图

还有一个特别有意思的功能，是改变折线图的图片底色。

请选中"图表区"，单击右键，找到"填充"的小图标" "。单击它，你可以在"主题颜色"中，选择一个自己喜欢的色调；或者你也可以选择一个好看的"纹理"（图 1.2.5）。

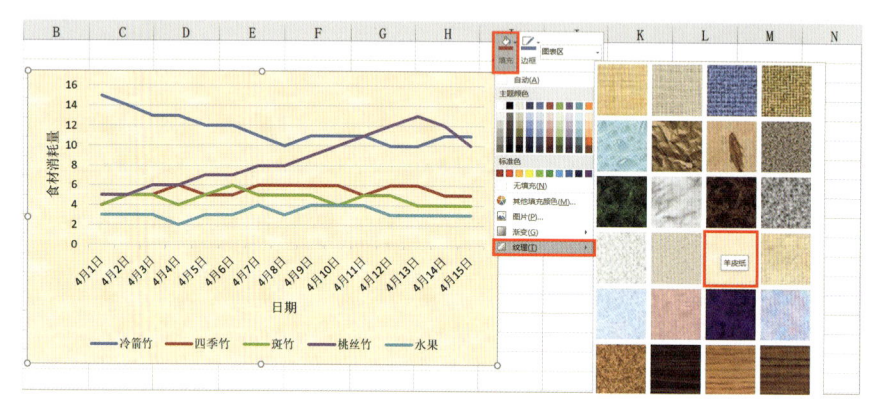

图 1.2.5　改变图片底色的步骤

图 1.2.6 就是一张纹理为"羊皮纸"的折线图，你是不是觉得这样的色调更加柔和了呀！大家也可以尝试将图片底色修改成其他颜色，看一看效果哦！

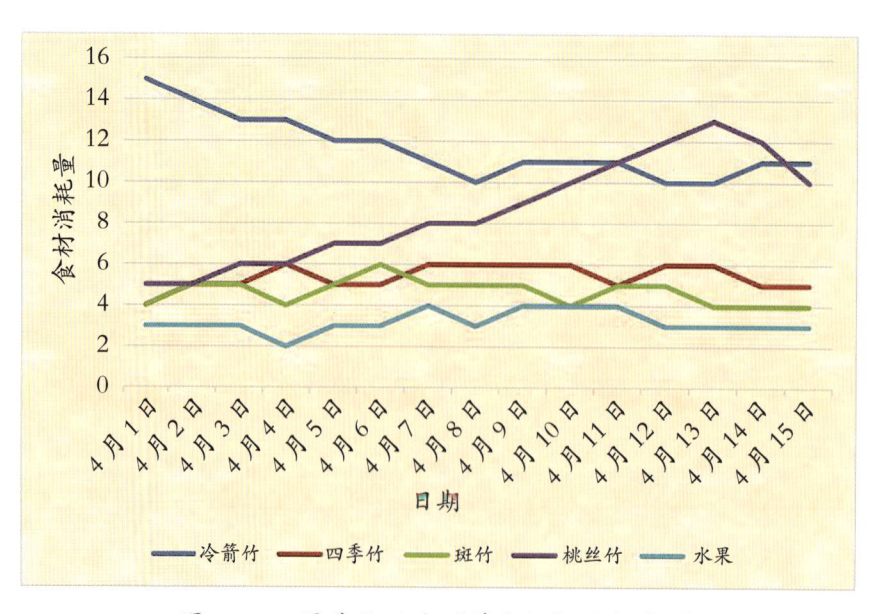

图 1.2.6　图片纹理为"羊皮纸"的折线图

二 想一想

请你回忆一下,你和新新绘制折线图的过程主要分为哪几个步骤呢?各步骤的具体操作是什么呢?快来总结一下吧!

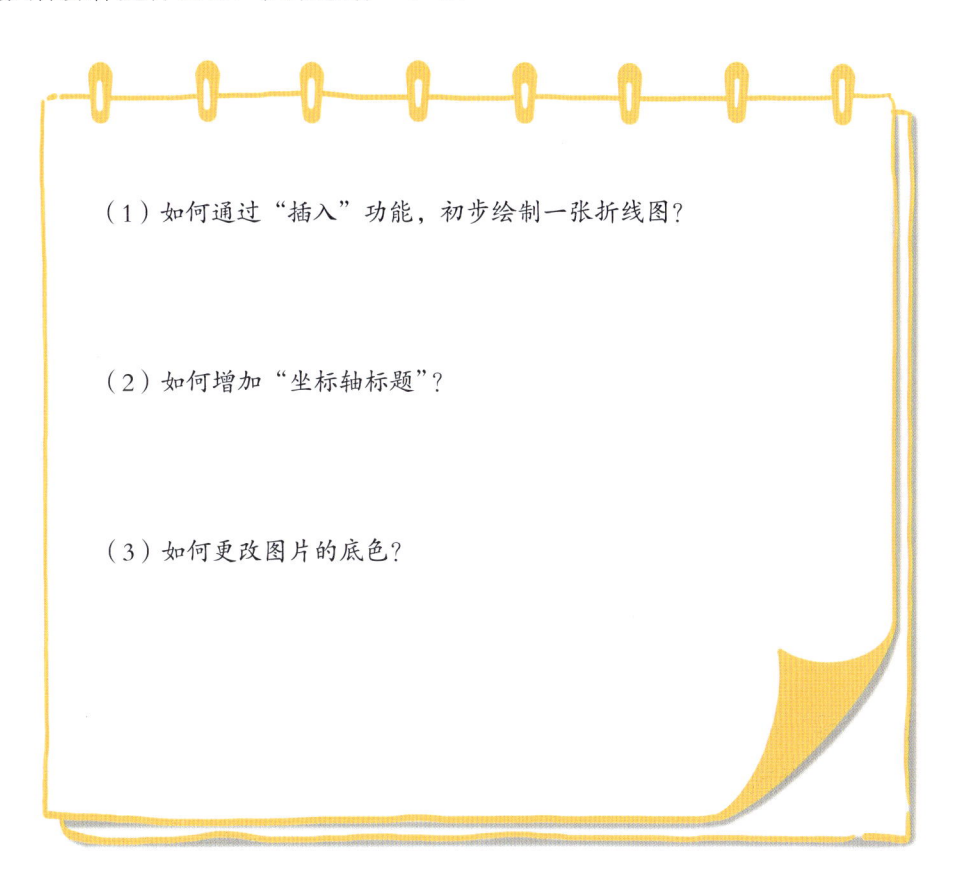

(1)如何通过"插入"功能,初步绘制一张折线图?

(2)如何增加"坐标轴标题"?

(3)如何更改图片的底色?

数据分析百宝箱

折线图特别适合表达数据变量的动态变化规律。通常可以选择时间轴作为横坐标,把需要描述的变量作为纵坐标,这样就可以看到数据变化的趋势和倾向了。

三 做一做

大家已经学会如何利用 Excel 软件绘制给定数据的折线图了吧？快来做一做，找找近期森林温度的变化规律吧？

森林的温度记录

新新平常很喜欢看天气预报，她记录了森林近 18 日以来的温度变化（表 1.2.1）。请大家打开"配套数据资源"中的 Excel 数据文件 **"折线图—森林温度变化.xlsx"**（或者扫描下方二维码）。请你和新新一起，绘制一张反映森林温度变化的折线图吧！

表 1.2.1 近 18 日以来森林的温度变化　　（单位：摄氏度）

日期	4月1日	4月2日	4月3日	4月4日	4月5日	4月6日
温度	10	11	13	12	14	16
日期	4月7日	4月8日	4月9日	4月10日	4月11日	4月12日
温度	15	16	18	20	19	20
日期	4月13日	4月14日	4月15日	4月16日	4月17日	4月18日
温度	22	21	22	23	23	24

扫码打开文件

画完之后，请你回忆一下，你和新新绘制折线图的过程主要分为哪几个步骤呢？各步骤的具体操作是什么呢？

1.3 柱形图
——岔路口的脚印

根据前面的数据线索，新新和阳阳认为团子很有可能是去采集桃丝竹了。他们决定立即出发，去寻找桃丝竹林。走着走着，他们来到了一个三岔路口。

桃丝竹林会在哪个方向呢？

每条路上都有团子不同数量的脚印。使用"柱形图"就可以发现脚印最密集的路口！

从图 1.3.1 中的柱形图的长度看，中间岔路口的脚印数量最多，团子最可能是往中间走了！

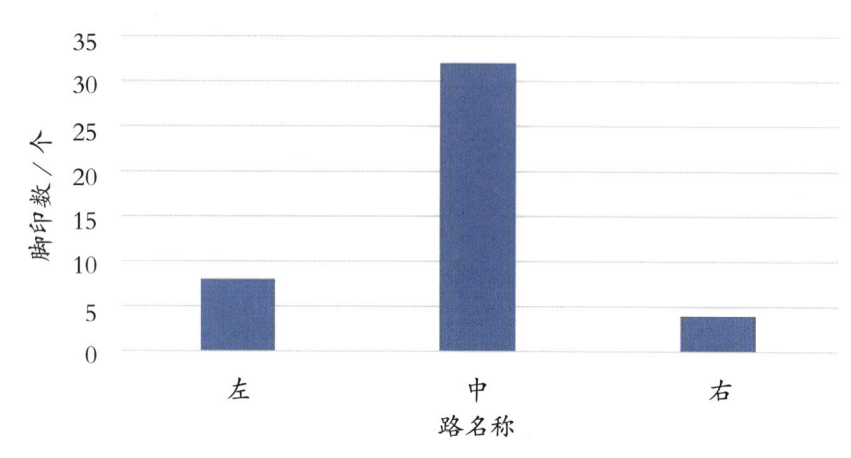

图 1.3.1 三条岔路口的脚印数量

学一学

大家对柱形图有初步的认识了吗？快来学习用 Excel 软件绘制基本的柱形图吧！

请找到本书"配套数据资源"中的 Excel 数据文件 **"柱形图—脚印数量 .xlsx"**（或者扫描图 1.3.2 左侧的二维码），并打开文件。团子在这三条岔路口的脚印数量如图 1.3.2 所示。

	A	B	C
1	岔路口	脚印数量	
2	左	8	
3	中	32	
4	右	4	
5			

扫码打开文件

图 1.3.2 团子在三条岔路口的脚印数量（单位：个）

请你选中所有数据，然后点击菜单栏中的"插入"，找到"图表"选项区域；接着，找到柱形图的快捷图标"📊▼"，并在"二维柱形图"中选择"簇状柱形图"，如图1.3.3所示。这样，就会得到一张与图1.3.1完全相同的柱形图了。

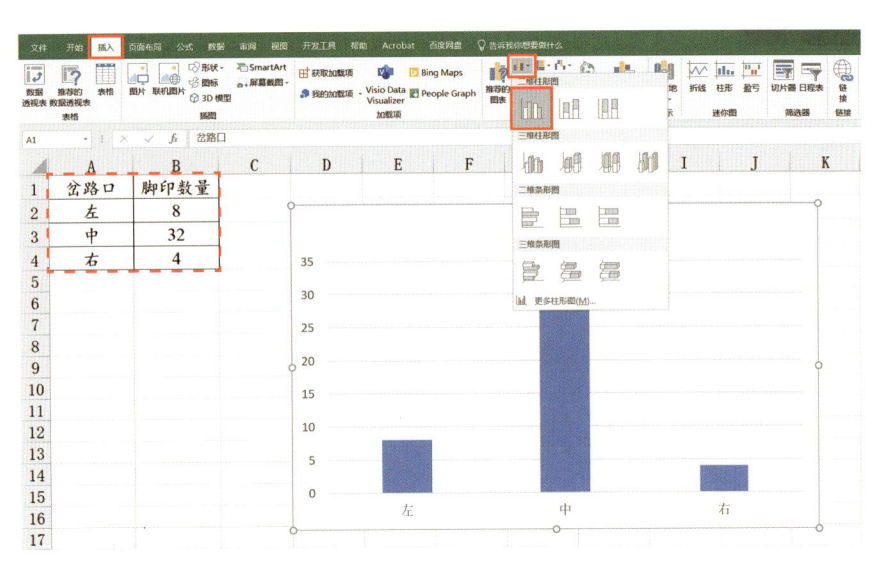

图1.3.3 选择"簇状柱形图"

接下来，请你单击绘制好的图形，在图表区的右上方就会出现一个"➕"的图标，单击它就可以看到一些可添加的图表元素，如图1.3.4所示。

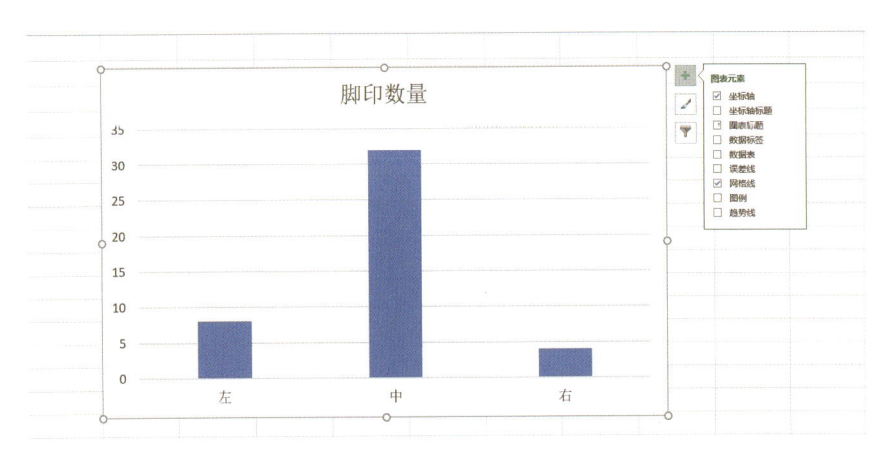

图1.3.4 图表元素

应用这些图表元素，可以使柱形图的表现形式更加丰富。作为探索性的练习，请你依次尝试在图表元素中，选中"数据标签"或者"数据表"，看看这时的柱形图会发生怎样的变化？请大家细心观察图中的变化哦！

柱形图的矩形还可以变得立体哦！

用鼠标右键点击柱形图中的所有矩形；然后，在出现的下拉框中选择"设置数据系列格式"；接着，在右侧弹出的窗口中点击图标"⬠"，再选择"三维格式"，便可以选择自己喜欢的柱形图三维形状了！例如在图 1.3.5 中，就添加了"顶部棱台"这一格式。

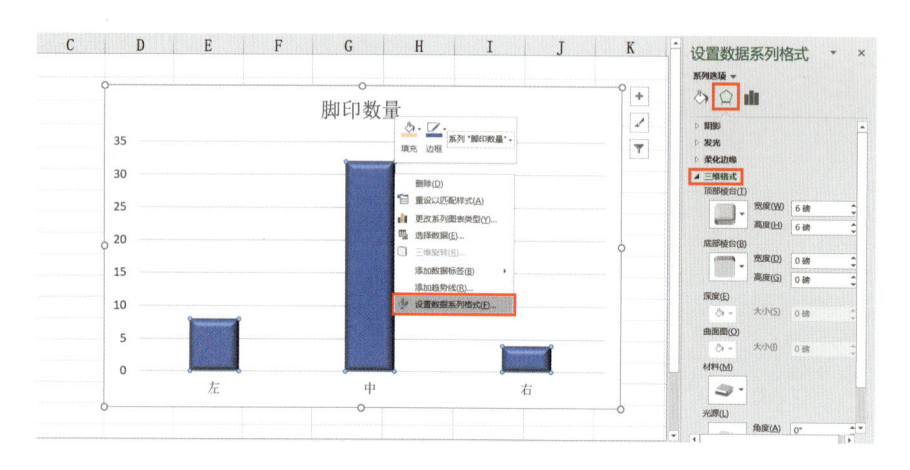

图 1.3.5　设置三维形状的柱形图

此外，还可以在图表区的右上方，找到调整"图表样式"的小刷子图标"🖌"。点开它，就可以尝试找到一个自己喜欢的"样式"或者"颜色"了。感兴趣的同学可以思考一下，下面样式的柱形图是怎么得到的（图 1.3.6）？

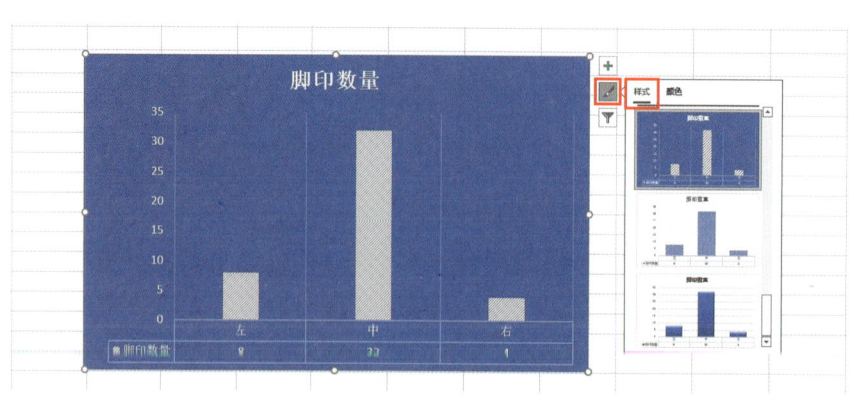

图 1.3.6　修改了图表样式的柱形图

在图1.3.6中，我们不但修改了图表样式，还在图表元素中增加了"数据表"。你觉得在实际应用中，这样的柱形图会有什么优缺点？

想一想

请你回忆一下，绘制柱形图的过程主要分为哪几个步骤呢？各步骤的具体操作是什么呢？快来总结一下吧！

（1）如何通过"插入"功能，初步绘制一个柱形图？

（2）如何利用小加号" ➕ "向柱形图中添加图表元素？它们分别有什么意义呢？

（3）想一想，修改饼图颜色的方法是否也可以应用在柱形图上呢？

（4）柱形图在哪些场景下能够发挥作用呢？

数据分析百宝箱

柱形图是用柱形的高度来表示数值大小的图形。柱形图能够直观地显示出数值的大小,易于观察定性变量的取值分布,并比较数据之间的差别。在我们的日常生活中,柱形图的应用十分广泛,例如观众对电影的评分(图1.3.7),就是一个横着放置的柱形图!

图 1.3.7 观众对电影的评分

做一做

大家已经学会如何利用 Excel 软件绘制给定数据集的柱形图了吗?快来尝试做一做,帮助阳阳清点家里的零食吧!

阳阳的零食清点

阳阳想要绘制自己家里各种零食数量的柱形图。请找到本书"配套数据资源"中的 Excel 数据文件**"柱形图—零食清点.xlsx"**(或者扫描表1.3.1 左侧的二维码),然后打开文件。快来和阳阳一起绘制零食数量的柱形图吧!

表 1.3.1　阳阳的零食数量

零食	数量/份
狗狗饼干	14
狗狗香肠	38
狗狗面包	29
狗狗饭团	41

扫码打开文件

你能根据柱形图，判断阳阳最喜欢的零食是什么吗？请你再回忆一下，绘制柱形图的过程主要分为哪几个步骤呢？各步骤的具体操作是什么呢？

同学们，知道我最喜欢的零食是什么了吗？

1.4 雷达图
——橡皮艇的优势

新新和阳阳来到桃丝竹林的河对岸，远远看见团子正站在卡库大叔身后。卡库大叔是一只鳄鱼，他的样子看起来凶凶的。新新和阳阳需要马上渡河。河岸边有摩托艇、橡皮艇和乌篷船。他们应该选择哪一种交通工具呢？

在"森林出行"网站中,有不同交通工具的性能数据(图1.4.1),让我们一起来看看吧!

	A	B	C	D
1	评价指标	摩托艇	橡皮艇	乌篷船
2	材质	5	4	5
3	速度	5	4	1
4	便捷性	2	5	3
5	安全性	1	4	4
6	载重量	3	4	5

图 1.4.1 3 种交通工具的 5 项性能的数据（分值为：1—5）

摩托艇的安全性较低，乌篷船的速度太慢，我们选择橡皮艇渡河最合适！

学一学

怎么能让图 1.4.1 中的数据分析结论更加直观呢？快来一起绘制一张雷达图吧！

请打开本书"配套数据资源"中的 Excel 数据文件 **"雷达图—交通工具 .xlsx"**（或者扫描图 1.4.2 左侧的二维码），然后选中所有数据。

首先单击菜单栏中"插入"选项，找到"图表"选项区域；接下来，单击右侧的小图标" "（即"查看所有图表"）；再单击"所有图表"选项，选择"雷达图"；最后，点击"确定"，就会得到一张初步的雷达图了，如图 1.4.2 所示。

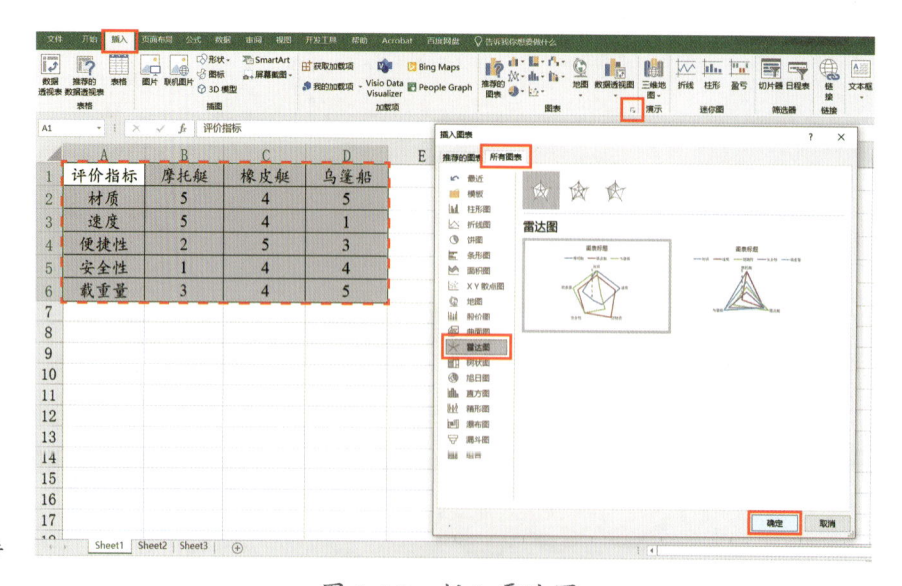

扫码打开文件

图 1.4.2 插入雷达图

此外，如果想要修改雷达图线条的颜色该怎么办呢？

使用鼠标右键点击需要修改颜色的线条；然后再点击"边框"，在"主题颜色"中选择自己喜欢的颜色，即可对线条颜色进行修改了，如图 1.4.3 所示。

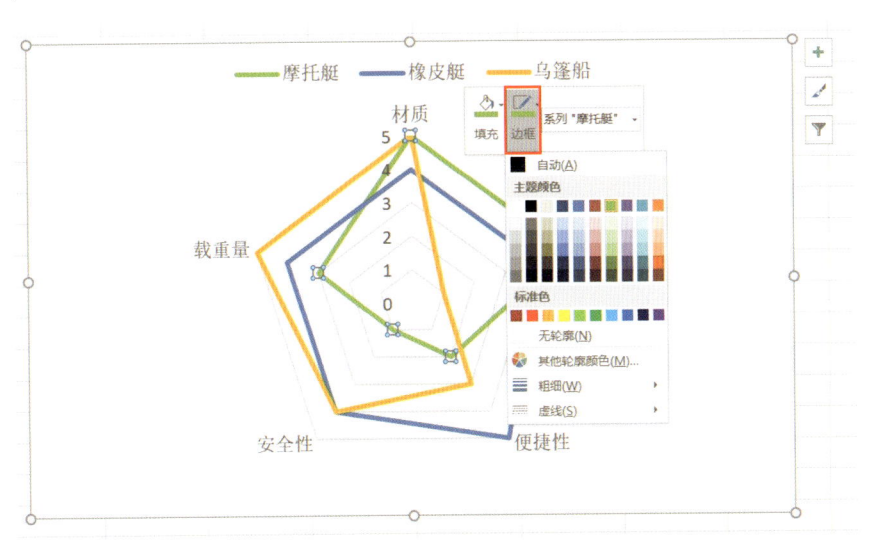

图 1.4.3　修改雷达图线条颜色

如果对"图例"的位置不喜欢，也可以进行调整！

再次点击"➕"，找到与"图例"对应的小三角形"▶"；再选择"右"；图例的位置便从图形的上方移动至右侧了（图 1.4.4）。

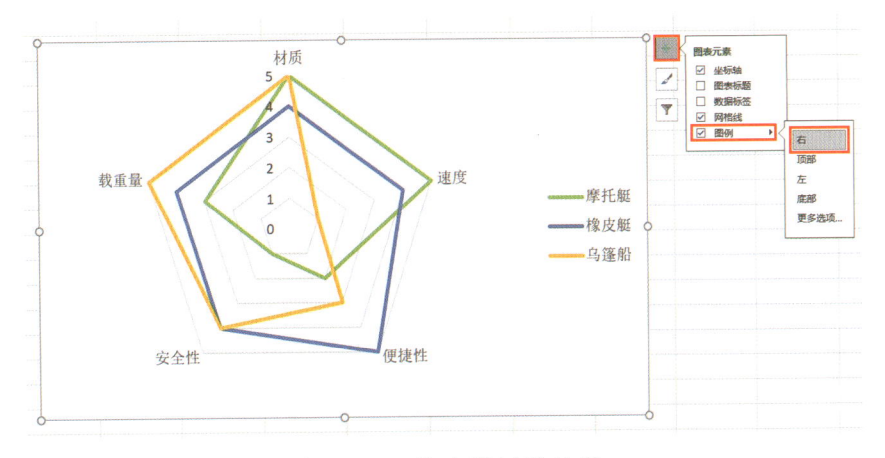

图 1.4.4　移动图例的位置

为了突出主题，雷达图的线条还可以被修改成虚线。

使用鼠标"右键"选中需要修改形状的线条；然后再点击"边框"，在"虚线"中选择一个自己喜欢的线条形状，就可以实现修改了，如图 1.4.5 所示。

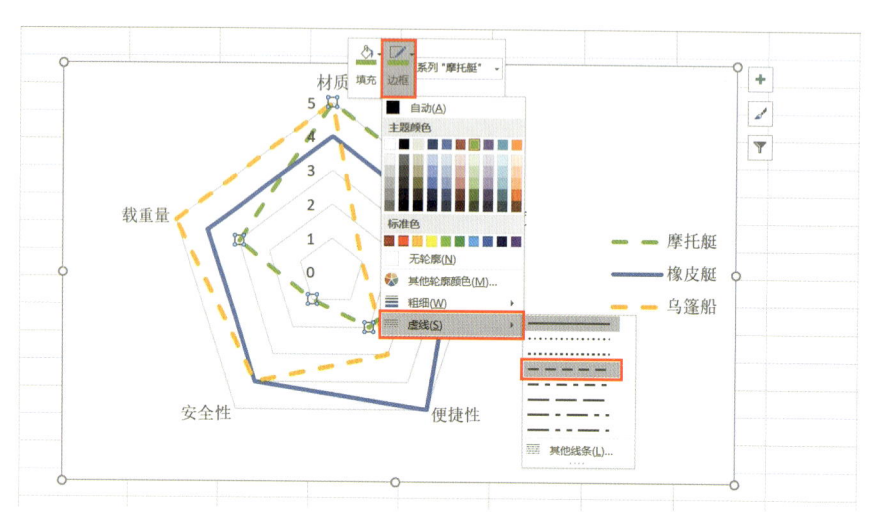

图 1.4.5　修改雷达图的线条形状

图 1.4.6 便是将摩托艇和乌篷船的线条形状都更改成了虚线；此外还修改了图例的位置。与最初的数据表（图 1.4.1）相比，你是不是觉得从这张雷达图中更容易看出橡皮艇的优势呢？

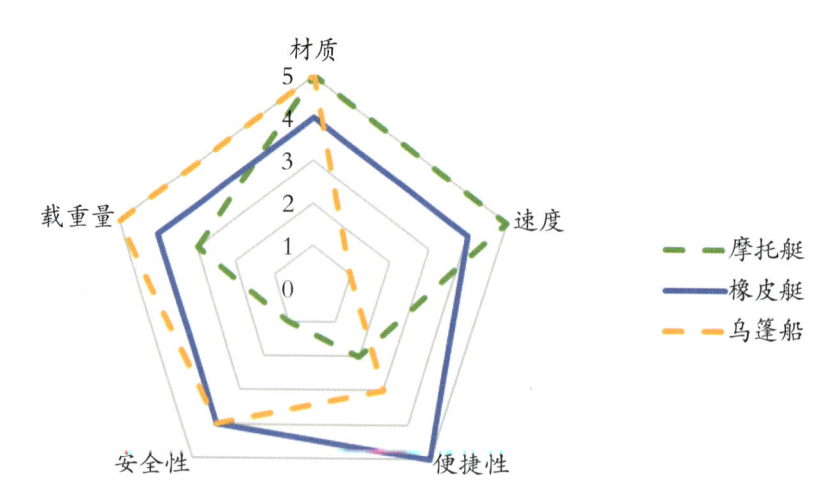

图 1.4.6　修改了线条形状以及图例位置的雷达图

二 想一想

请你回忆一下，绘制雷达图的过程主要分为哪几个步骤呢？各步骤的具体操作是什么呢？快来总结一下吧！

（1）如何通过"插入"功能初步绘制一张雷达图？

（2）如何修改雷达图线条的颜色？

（3）如何修改雷达图中线条的形状（比如改成虚线）？

（4）如果变量的单位不一样，可以绘制雷达图吗？

（5）雷达图在哪些场景下能够发挥作用呢？

数据分析百宝箱

雷达图是可以同时表示多个变量取值大小的可视化方式，通常用于综合分析多个变量的特征，清晰且直观。如果你想要同时观察单个事物（或多个事物）的若干指标时，可以尝试使用雷达图！

小提示：请注意不同变量的取值单位

三 做一做

大家已经学会了如何利用 Excel 软件绘制给定数据的雷达图了吗？快来做一做，帮助阳阳准备他的旅游计划吧！

阳阳的旅游计划

阳阳计划和小伙伴们在周末一起外出旅游，可选择的地方有浆果丛林、彩虹瀑布、水蜜桃山。阳阳在"森林出行"网站上，收集了以往的游客们对这 3 个地方的综合评分，共包括交通便捷、风景优美、美食集锦、游客口碑和环境舒适 5 方面。请找到本书"配套数据资源"中的 Excel 数据文件 **"雷达图—旅游计划 .xlsx"**（或扫描表 1.4.1 左侧的二维码），然后打开文件。请你和阳阳一起绘制这 3 个地方综合评分的雷达图，并帮助阳阳选一选去哪儿旅游最好？请给出你的理由哦！

表 1.4.1 游客们对 3 个旅游地的综合评分（分值为：1—5）

评价指标	浆果丛林	彩虹瀑布	水蜜桃山
交通便捷	4	3	2
风景优美	3	5	2
美食集锦	2	1	5
游客口碑	4	5	4
环境舒适	3	5	4

扫码打开文件

画完之后，请你回忆一下，绘制这张雷达图的过程主要分为哪几个步骤呢？各步骤的具体操作是什么呢？快来总结一下吧！

新新和阳阳乘坐橡皮艇渡过了大河，来到对岸的小木屋旁。但他们在这里并没有找到团子，却意外发现了一个闪着奇幻光影的树洞。

这个树洞会通往哪里呢？

2 美食城里的彩色餐厅

　　俩人顺着树洞来到了一座现代城市。这里到处是高楼大厦和奔驰的车辆。他们远远看到团子就在前面，坐上了一辆大巴车。还听到团子在大声询问："这样就可以去美食城最著名的彩色餐厅了吗？"

2.1 数据条
——找到美食城

新新和阳阳一边高声呼喊着团子的名字,一边使劲地挥着手。可是,团子并没有看见他们。眼看着大巴车越来越远,阳阳的心里十分着急。

在这个陌生的城市里,咱们怎么才能知道彩色餐厅在哪里呢?

我们通过绘制"数据条"图表,先设法找到美食城吧?

这样就可以去美食城最著名的彩色餐厅了吗?

地区	餐厅数量
桥东区	30
桥西区	42
阳塔区	85
路北区	27
路南区	12

图 2.1.1　各地区餐厅数目的数据条图表（单位：家）

从图 2.1.1 的"数据条"图表中可以看出，阳塔区的餐厅数量最多，它对应的数据条也最长。所以团子所前往的美食城很可能就在阳塔区！

一学一学

那么，怎样才能绘制出一张带有"数据条"的图表呢？

在图 2.1.1 中，给出了这座现代城市各个地区的餐厅数量。大家也可以找到本书"配套数据资源"中的 Excel 数据文件"**数据条—餐厅数量.xlsx**"（或者扫描图 2.1.2 左侧的二维码进行下载），然后打开文件，选中所有数据。

接下来，请你在菜单栏的"开始"选项中，找到"条件格式"的图标，并单击。当出现下拉框时，请选择"数据条"。在这里，你可以根据自己的喜好选择"渐变填充"或是"实心填充"，并确定数据条的颜色。例如在图 2.1.2 中，便选用了绿色的实心填充。

扫码打开文件

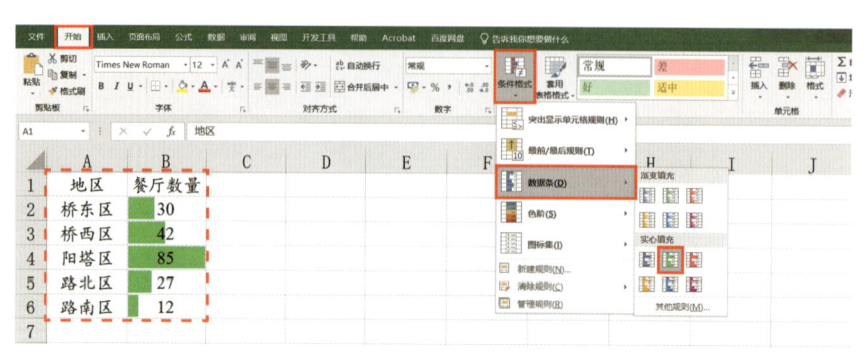

图 2.1.2　在"条件格式"选项中选择"数据条"

为了使图表更加美观，我们来尝试修改表格的背景颜色吧？

为了填充这张数据图表的背景颜色，首先在功能栏中找到"填充颜色"的图标"🪣 ▼"，单击该图标旁边的小三角，就会出现一个选择颜色的下拉框，如图 2.1.3 所示。

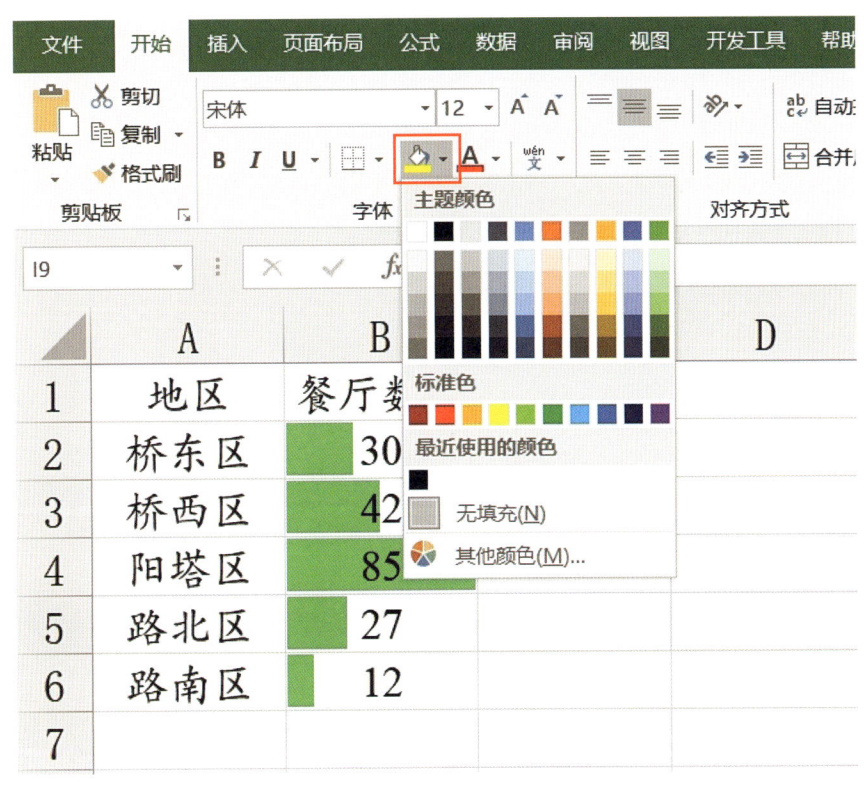

图 2.1.3　填充单元格底色

下面，我们以绘制图 2.1.4 为例。首先选中数据表的第一列（地区），点击"填充颜色"图标，并在"主题颜色"中选择最浅的橙色；然后再选中表格的第二列（餐厅数量），将"主题颜色"修改为最浅的金色。由此便能得到一张有背景颜色的数据条图表了。

图 2.1.4　更改背景颜色后的数据条图表

为了突出显示图表的标题，我们还可以更改表头的字体颜色。

请大家选中第一行的前两个单元格（A1 和 B1）。在功能栏中找到"字体颜色"的图标" A ▾ "。单击图标右侧的小三角，便可以选择你喜欢的字体颜色了。例如在图 2.1.5 中，我们就将标题的字体颜色设置成了深红色。除此之外，你还可以单击功能栏中的"加粗"图标" B "，这样便可以将标题中的字体进一步加粗显示！

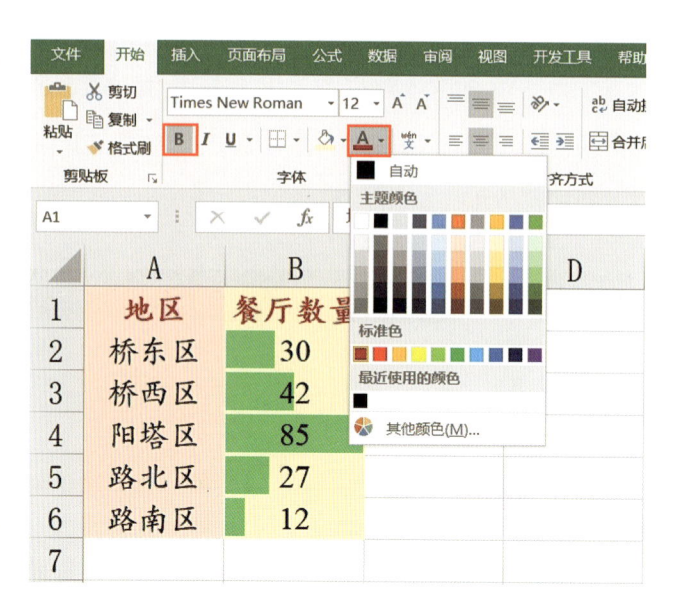

图 2.1.5 更改表格第一行的字体颜色

> 此外，请大家还要记得给这张数据图表加上边框啊！

请在功能栏中，找到"边框"的图标"⊞ ▾"；单击该图标旁边的小箭头后，就会出现一个下拉框。如果我们选择"所有框线"，如图 2.1.6 所示，就会得到一张与图 2.1.1 一样的带边框的图表了。

图 2.1.6 为数据表添加"边框"

为了进一步美化数据条图表，我们还可以增加一些很漂亮的图标。

请继续选中整个表格，点击"条件格式"；待出现下拉框后，找到"图标集"。在这里，你可以发现许多既漂亮又有趣的小图标。在图 2.1.7 中，我们就选择了"等级"中的"3 个星形"（ ★★☆ ），作为数据表中的辅助图标。

图 2.1.7 条件格式中的"图标集"

图 2.1.8 添加了小星星之后的图表

如果仔细观察图 2.1.8 你会发现，对应餐厅数量最多的阳塔区，它的数据条是最长的，而在它的小星星里面，也填充了满满的金色；反过来，餐厅数量越少的地区，它的数据条就越短，而小星星被填充的部分也会相应变少。

这张"数据条"图表真是太醒目了！一下子就可以看出，这个城市餐厅数量最多的地方是阳塔区，美食城一定就在那里！咱们快点出发吧！

本节最后的问题是，如何将你所制成的数据条图表复制下来呢？

请选择该表格的所有单元格，单击菜单栏中的"复制"图标，在出现下拉框时选择"复制为图片"。在接下来的对话框中，在"外观"中选择"如屏幕所示"；在"格式"中选择"图片"；最后点击"确定"，你就可以复制得到这张带"数据条"的图表了（图2.1.9）。

图 2.1.9　复制图片的方法

想一想

请你回忆一下，绘制数据条的过程主要分为哪几个步骤呢？各步骤的具体操作是什么呢？快来总结一下吧！

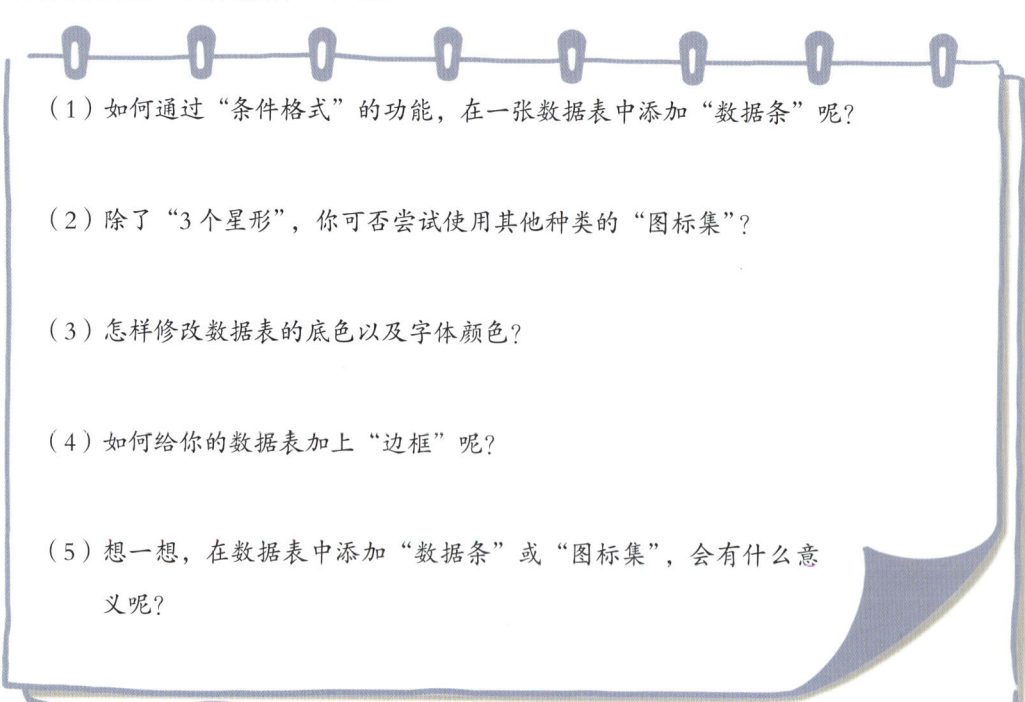

（1）如何通过"条件格式"的功能，在一张数据表中添加"数据条"呢？

（2）除了"3个星形"，你可否尝试使用其他种类的"图标集"？

（3）怎样修改数据表的底色以及字体颜色？

（4）如何给你的数据表加上"边框"呢？

（5）想一想，在数据表中添加"数据条"或"图标集"，会有什么意义呢？

数据分析百宝箱

在一张数据表中，利用"条件格式"的功能，添加"数据条"和"图标集"，就可以使用条形的长短以及图标的形态，直观地凸显出更加重要的数值，以利于轻松地浏览数据表中的重要信息。

做一做

大家已经学会如何利用"条件格式"功能，添加"数据条"和"图标集"了吗？快来做一做，帮助访德博士完成下面的饮品门店统计课题吧！

访德博士的课题

在访德博士的一个研究课题中，需要统计饮品门店在森林中各个区域的数量分布。请找到本书"配套数据资源"中的Excel数据文件"数据条—饮品门店数量.xlsx"（或者扫描表2.1.1左侧的二维码），然后打开文件，快来帮助访德博士绘制一份数据条图表吧！

表 2.1.1　森林各区域饮品门店数量

区域	门店数量/家
森林东区	42
森林南区	31
桃丝竹林	18
冷箭竹林	23
四季竹林	11
斑竹林	7
森林北部	6
森林西部	5

扫码打开文件

你能根据数据条图表，判断饮品店在哪些区域的门店数量较多吗？在绘制完之后，请你再回忆一下，绘制数据条图表的过程主要分为哪几个步骤呢？各步骤的具体操作又是什么呢？

2.2 色阶图表
——彩色餐厅的特色

新新和阳阳来到美食城。这里的餐厅星罗棋布。他们在广场上遇到了访德博士,并继续踏上了寻找团子的道路。

博士,我们原以为团子是去桃丝竹林了,但现在看来,他可能是去美食城品尝特色菜品了吧!

咱们来绘制一张色阶图表吧,看看在当地最有名的3家餐厅里,哪种菜品的顾客评分最高。

当地最有名的 3 家餐厅分别是彩色餐厅、清茶餐厅和芝兰餐厅。从色阶图表 2.2.1 可以看出，彩色餐厅的各种菜品评分都是比较高的，尤其是清炒桃丝竹这道菜的味道最佳。

哦，原来是这样！团子一定是去彩色餐厅品尝清炒桃丝竹了吧？！

表 2.2.1　各餐厅菜品评分的色阶图表（分值为：1—100）

菜　品	彩色餐厅	清茶餐厅	芝兰餐厅
清炒桃丝竹	99	94	93
炝炒冷箭竹	92	85	93
水果拼盘	95	94	90
青草饼干	87	85	83
蜂蜜小馒头	93	93	91
熊熊曲奇	91	89	90
麻辣笋丝	95	92	89
宫保蘑菇	90	87	91

一 学一学

> 我们应该怎样绘制一张色阶图表呢？

在表 2.2.1 中，给出了 3 家餐厅的菜品评分数据。大家也可以找到本书"配套数据资源"中的 Excel 数据文件 **"色阶图表—菜品评分 .xlsx"**（或者扫描图 2.2.1 右下方二维码进行下载）。然后打开文件，并在打开后选中所有数据。

之后，在菜单栏中的"开始"选项中，找到"条件格式"并单击。当出现下拉框时，选择"色阶"。在这里，你可以根据自己的喜好选择合适的配色方案。在图 2.2.1 中，便选用了"绿—白色阶"。

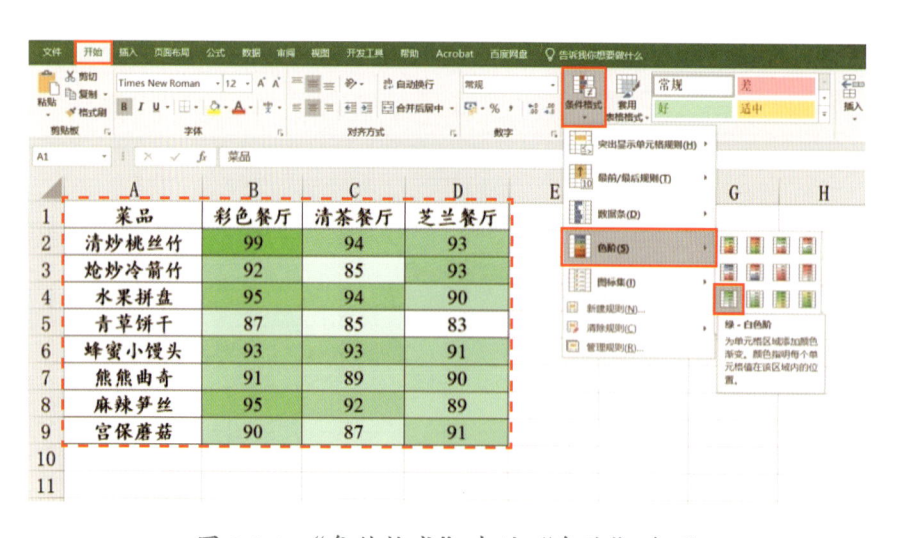

图 2.2.1 "条件格式"中的"色阶"选项

扫码打开文件

我们还可以对表格栏的背景颜色进行填充，并且对标题中的字体颜色进行修改（表 2.2.2）。

表 2.2.2 填充了背景颜色的色阶图表

菜品	彩色餐厅	清茶餐厅	芝兰餐厅
清炒桃丝竹	99	94	93
炝炒冷箭竹	92	85	93
水果拼盘	95	94	90
青草饼干	87	85	83
蜂蜜小馒头	93	93	91
熊熊曲奇	91	89	90
麻辣笋丝	95	92	89
宫保蘑菇	90	87	91

在表 2.2.2 中你会发现，在原来的数据表中，数值越大的单元格，它的颜色就会越深。这样就可以帮助我们迅速观察到，在美食城最有名的 3 家餐厅中，彩色餐厅的各种菜品评分都普遍较高。

为了使图表更加生动美观，我们还可以使用"图标集"。

为了在色阶图表中更加凸显每个单元格中数据取值的大小，大家还可以继续点击"条件格式"，并在出现下拉框时，选择"图标集"。在图 2.2.2 中，我们选择了"形状"中的"三色交通灯"作为辅助图标。

图 2.2.2 使用"图标集"中的"三色交通灯"

> 大家还可以按照自己的意愿，来使用更加多样化的"图标集"。

请你选中整个图表，单击"条件格式"，并在出现下拉框时，选择"图标集"。接下来，请你找到并单击最下端的"其他规则"，如图 2.2.3 所示。

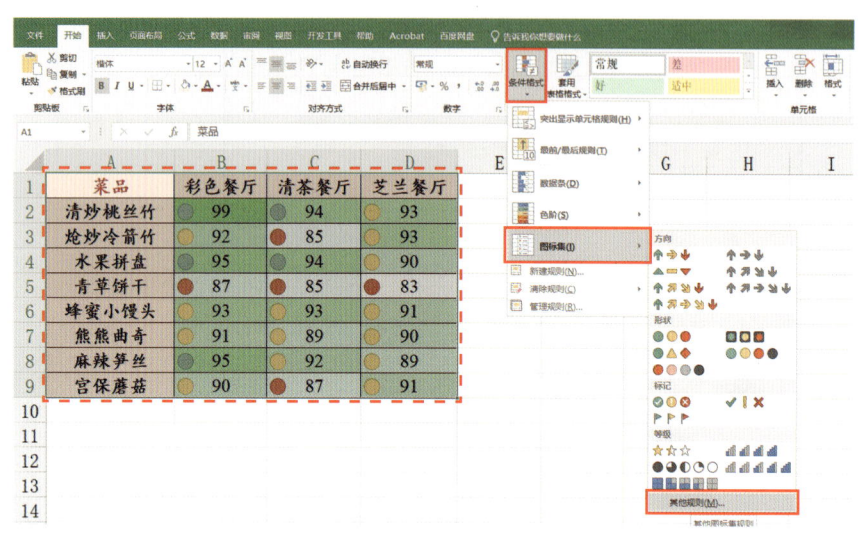

图 2.2.3　使用"图标集"中的"其他规则"

当出现图 2.2.4 这个对话框时，请你尝试将"图标"重新设定为红、绿、黄三种小旗帜，并单击"确定"。于是，如果把单元格中的所有数值按照大小进行排序，数值排在前 1/3 的单元格就被标注了小红旗，数值排在中间的单元格被标注了小绿旗，而数值排在后 1/3 的单元格则被标注了小黄旗。

图 2.2.4　采用"其他规则"修改的图标设置

表 2.2.3　图标为三色旗的色阶图表

菜品	彩色餐厅	清茶餐厅	芝兰餐厅
清炒桃丝竹	99	94	93
炝炒冷箭竹	92	85	93
水果拼盘	95	94	90
青草饼干	87	85	83
蜂蜜小馒头	93	93	91
熊熊曲奇	91	89	90
麻辣笋丝	95	92	89
宫保蘑菇	90	87	91

按照图 2.2.4 介绍的方法修改图标，便会得到如表 2.2.3 一样的色阶图表。你觉得从这张表中，能否更容易地看出，彩色餐厅的清炒桃丝竹是评分最高的一道菜呢？

你们觉得彩色餐厅还有哪几道菜是值得推荐的？在这 3 家餐厅中，有一种菜品是大家都不太推荐的，你发现了吗？

二　想一想

（1）如何通过"条件格式"的功能，在一张数据表中添加"色阶"的标识呢？

（2）应该怎样使用"图标集"来增强色阶图表的辨识度呢？

（3）试一试，如何得到与表 2.2.4 一样的色阶表？你还有没有其他的设计方案？

表 2.2.4　采用不同图标的色阶表

菜品	彩色餐厅	清茶餐厅	芝兰餐厅
清炒桃丝竹	99	94	93
炝炒冷箭竹	92	85	93
水果拼盘	95	94	90
青草饼干	87	85	83
蜂蜜小馒头	93	93	91
熊熊曲奇	91	89	90
麻辣笋丝	95	92	89
宫保蘑菇	90	87	91

数据分析百宝箱

在一张数据表中，利用"条件格式"的功能，添加"色阶"和"图标集"，就可以通过单元格颜色的深浅以及图标的形态，快速观察到比较重要的数值，并发现在数据表中隐含的多种信息。

做一做

请大家练习一下如何利用"条件格式"功能绘制色阶图表吧！

小动物们的考试成绩统计

访德博士让新新根据表 2.2.5 的考试成绩统计表，完成一份历次考试的数学成绩统计报告。请你运用刚才学过的色阶图表，帮助新新绘制一张考试成绩统计的色阶图表吧！

大家也可以打开本书"配套数据资源"中的 Excel 数据文件 **"色阶图表—考试成绩 .xlsx"** （或扫描表 2.2.5 左侧的二维码下载），并进行绘图操作。

表 2.2.5　考试成绩统计（分值为：0—100）

阶段测试	新新	阳阳	团子
测试一	95	86	78
测试二	91	84	83
测试三	90	83	88
测试四	93	85	90

扫码打开文件

在绘制完之后，你能否快速判断出哪位同学的成绩相对优异，哪位同学进步最明显呢？请你再回忆一下，绘制上述图表的过程主要分为哪几个步骤呢？每个步骤的具体操作又是什么呢？

哇，同学们都太棒了！

清炒桃丝竹⋯⋯⋯⋯26元

炝炒冷箭竹⋯⋯⋯⋯23元

水果⋯⋯⋯⋯⋯⋯⋯22元

蜂蜜⋯⋯⋯⋯⋯⋯⋯18元

原来，团子是在采集桃丝竹时，被卡库大叔请到这里品尝美食的！

那我们来画一张树状图吧，这样就可以马上发现顾客点赞次数最多的那个菜品了！

彩色餐厅的热销菜是什么啊？

2.3 树状图
——人气菜品是什么呢

新新、阳阳和访德博士3人一起走进了彩色餐厅,发现卡库大叔竟然是这家餐厅的主厨!而团子就在餐桌旁坐着。

卡库大叔邀请大家一起享用午餐,小伙伴们一起看向长长的菜单。

我们彩色餐厅刚刚建成了一个用户评价系统。如果喜欢某个菜品的顾客越多,就会有越多的人给它点赞。

哦！在图 2.3.1 的树状图中，清炒桃丝竹的面积最大，这就是彩色餐厅的人气菜品啊！

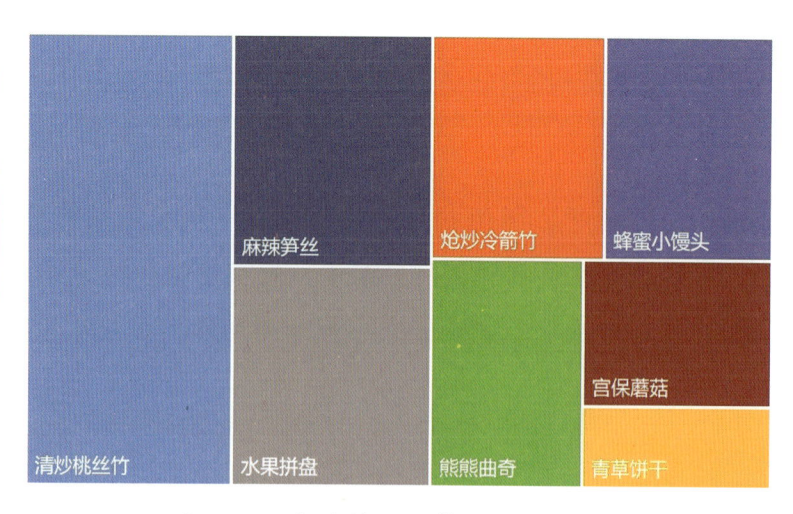

图 2.3.1　各种菜品点赞次数的树状图

一 学一学

那么，怎样可以绘制一张漂亮的树状图呢？大家快来学一学吧！

在图 2.3.2 中，给出了上周日彩色餐厅主要菜品的点赞次数表。大家也可以找到本书"配套数据资源"中的 Excel 数据文件"**树状图—点赞次数.xlsx**"（或者扫描左侧的二维码），然后打开数据文件。

	A	B	C
1	菜品	点赞次数	
2	清炒桃丝竹	780	
3	炝炒冷箭竹	320	
4	水果拼盘	360	
5	青草饼干	127	
6	蜂蜜小馒头	312	
7	熊熊曲奇	287	
8	麻辣笋丝	380	
9	宫保蘑菇	230	
10			

扫码打开文件

图 2.3.2　各种菜品的点赞次数（单位：次）

接下来，请你选中所有数据，单击菜单栏中的"插入"选项；然后，在"图表"选项区域，可以发现一个"插入层次结构图表"的快捷图标"▮▮"。单击它，就会出现"树状图"的选项图标"▯▯"；只要单击选中它，就可以绘制出一张树状图了，参见图2.3.3。

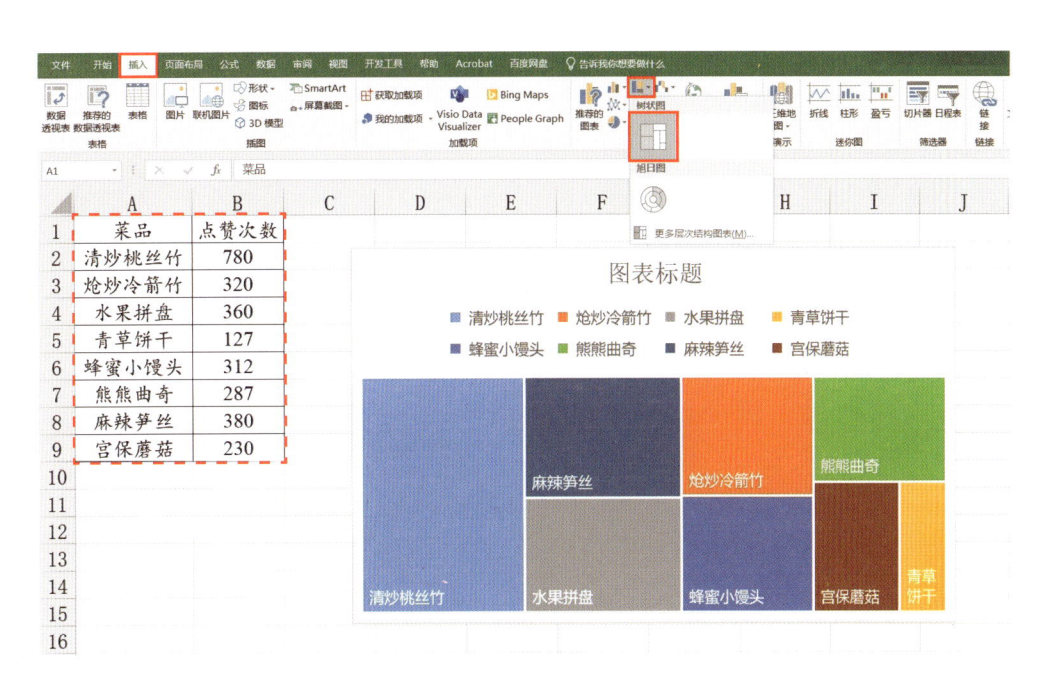

图 2.3.3　利用快捷图标生成的树状图

为了使树状图更加简洁和美观，可以在"图表元素"中，删除"图表标题"和"图例"，这样就可以得到一张与图 2.3.1 一样的树状图了！

如果希望在每个小矩形上同时展示出对应的数值，应该怎么办呢？

请单击图表区右上角的图标"➕"，然后再单击"数据标签"旁边的小三角"▶"；接下来，选择"其他数据标签选项"，如图2.3.4 所示。

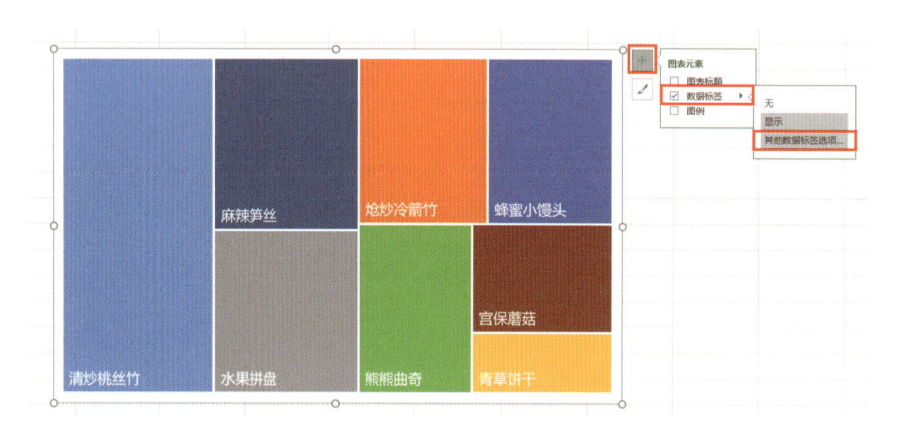

图 2.3.4　选择"其他数据标签选项"

当你单击"其他数据标签选项"之后，就会看见如图 2.3.5 所示的界面。你只需要在右侧"设置数据标签格式"的"标签选项"中，分别给"类别名称"和"值"都打上小对勾，就可以看到在树状图中，每个小矩形里都会有其对应的名称以及对应的数值了！

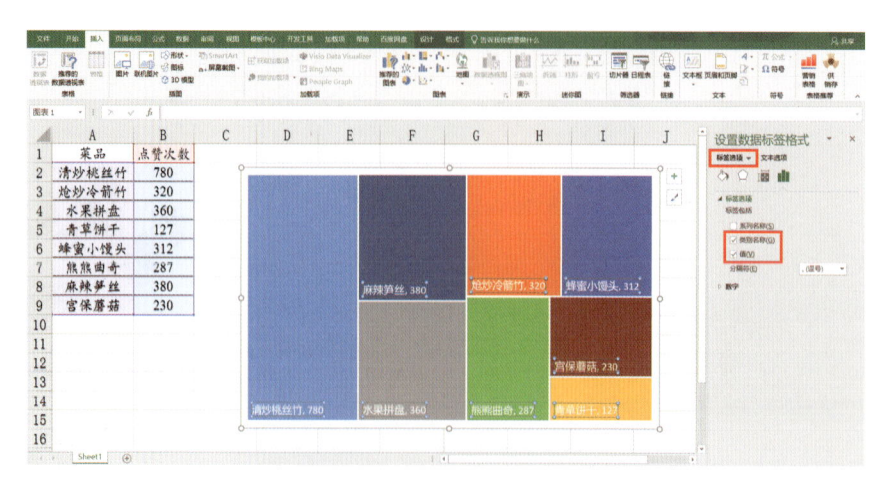

图 2.3.5　在"标签选项"中勾选"类别名称"和"值"

当然了，你还可以根据自己的偏好来修改树状图中的色彩搭配哦！

一种最简单的方法是单击图表区右上角的小刷子图标"✏"，然后选择修改"颜色"。

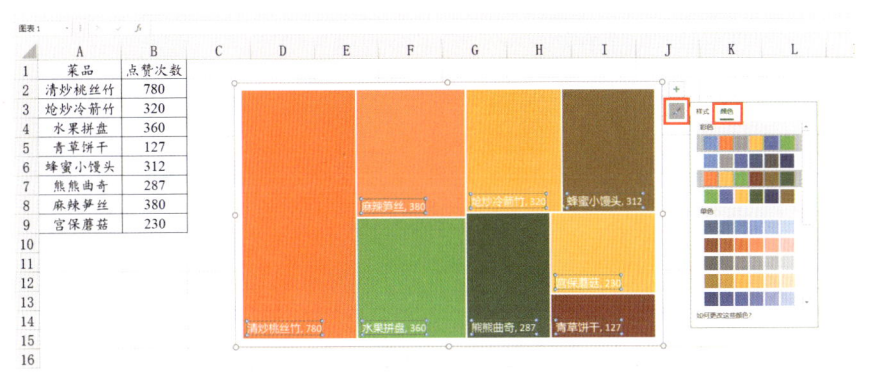

图 2.3.6　设置图表的样式和配色方案

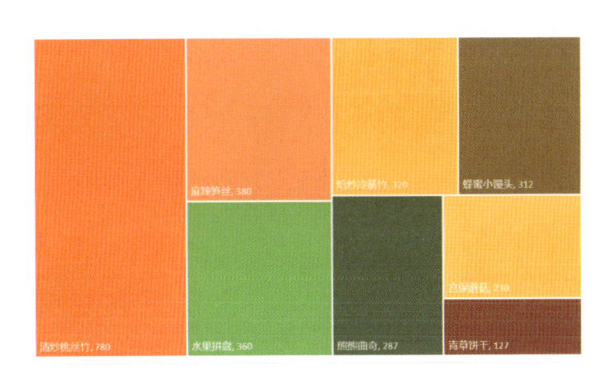

图 2.3.7　彩色的树状图

在图 2.3.6 更改"颜色"的各种选项中，你可以选择某种新的"彩色"配色方案，也可以选择"单色"配色方案。比如图 2.3.7 的彩色树状图和图 2.3.8 的单色树状图，你更喜欢哪一个呢？

图 2.3.8　单色的树状图

> 树状图还有一个特别有用的功能，它可以展现"有群组或层次关系"的数据比例模式。

图 2.3.9 给出了彩色餐厅收集的上周日和本周一的顾客点赞数据。大家也可以找到本书"配套数据资源"中的 Excel 数据文件"树状图—群组数据 .xlsx"，并打开文件。或者扫描左侧二维码进行下载。

	A	B	C
1	日期	菜品名称	点赞次数
2	周日	清炒桃丝竹	780
3	周日	炝炒冷箭竹	320
4	周日	水果拼盘	360
5	周日	青草饼干	127
6	周日	蜂蜜小馒头	312
7	周日	熊熊曲奇	287
8	周日	麻辣笋丝	380
9	周日	宫保蘑菇	230
10	周一	清炒桃丝竹	447
11	周一	炝炒冷箭竹	153
12	周一	水果拼盘	66
13	周一	青草饼干	32
14	周一	蜂蜜小馒头	71
15	周一	熊熊曲奇	67
16	周一	麻辣笋丝	118
17	周一	宫保蘑菇	117
18			

扫码打开文件

图 2.3.9　连续两天的顾客点赞次数（单位：次）

下面我们就利用树状图，来比较周日与周一的顾客点赞模式。这里只需要大家选中所有的数据，然后按照前面介绍的方法，直接利用这些数据绘制"树状图"，便会得到一个比例层次十分清晰的树状图了（图2.3.10）。

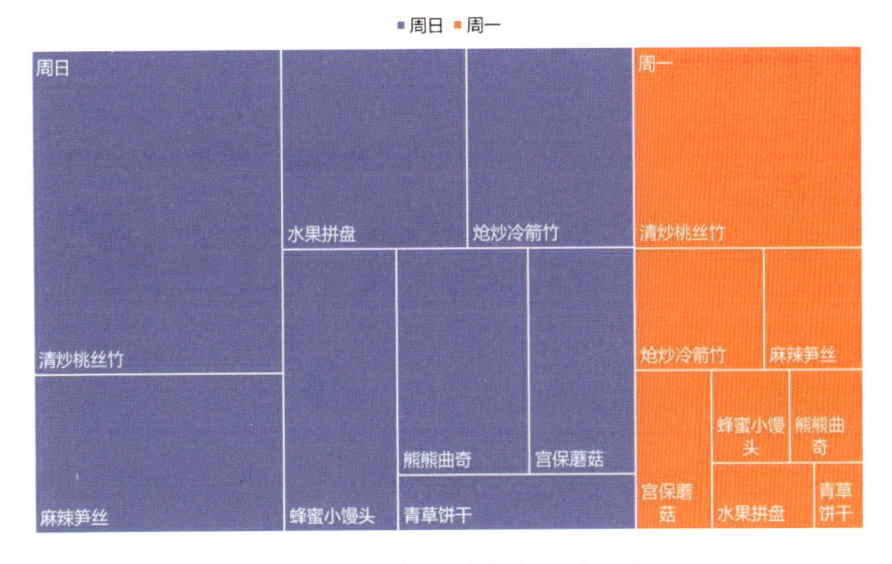

图 2.3.10　有组群关系的树状图

从这张图里，大家能看到什么重要信息呢？

周日点赞的顾客数量显然要多很多啊！

无论周日还是周一，清炒桃丝竹都是顾客最喜欢的一道菜。

不过，水果拼盘虽然在周日很受欢迎，但在周一的点赞比例就相对较小了。

青草饼干的点赞数始终都很低，看来我们要想办法改良一下了！

二 想一想

请你回忆一下,你和新新绘制树状图的过程主要分为哪几个步骤呢?各步骤的具体操作是什么呢?快来总结一下吧!

(1)如何通过"插入"功能绘制一张树状图?

(2)怎样修改树状图的配色方案?

(3)对有群组或层次关系的数据,通过绘制树状图,能得到哪些有价值的信息呢?

数据分析百宝箱

树状图可以通过矩形的面积大小、排列顺序以及颜色变化,来显示复杂的数据结构模式。在树状图中,某个小矩形的面积越大,其所对应数值的比例就越大。所以,人们可以很直观地通过矩形的大小,迅速观察到更加重要的数据信息。同时,通过树状图还可以清晰展现"有群组和层次关系"的数据比例结构。

从树状图中可以看出,清炒桃丝竹的小矩形面积最大,所以给它点赞的顾客是最多的啊!

我们快来一起品尝这道菜吧!

三 做一做

大家已经学会如何利用"插入"图表的功能,绘制一张树状图了吗?快来尝试做一做,帮助新新完成一份水果店销售额的统计!

水果店销售额统计

森林东区有一家名叫"小雨滴"的水果店,而表 2.3.1 所给出的是水果店里某一周不同水果的销售额。请你运用刚才学过的知识,绘制一份水果店不同水果销售额的树状图吧。大家也可以打开本书"配套数据资源"中的 Excel 数据文件**"树状图—水果店销售额.xlsx"**(或者扫描表 2.3.1 右侧的二维码下载),并进行绘图操作。

表 2.3.1　水果店销售额

品种	销售额/元
苹果	3135
西瓜	2107
橙子	2496
葡萄	1321
梨	1977
菠萝	3624
桃子	1553

扫码打开文件

在绘制完之后,你能否快速判断出哪种水果相对最受欢迎,而哪种水果的销售状况还有待进一步改善吗?

2.4 散点图
——还有那些漂亮的小气泡

大家一起仔细看着菜单，准备美餐一顿，然而这时好学的阳阳又有了新的问题。

访德博士，我们刚才看到所有的菜品都有"顾客评分"与"点赞次数"的数据。我猜在这两个数据之间，一定有很强的相关性吧？不过，怎样才能通过数据分析方法，直观地看见这两个评价指标是否相关呢？

你可以绘制一张散点图，看一看各道菜品的"点赞次数"与"顾客评分"之间是否存在相关关系。

在图 2.4.1 的散点图中有一个明显的规律：随着"点赞次数"的增多，"顾客评分"也随之增大。其实，这就是我们"直觉"中的正相关性。

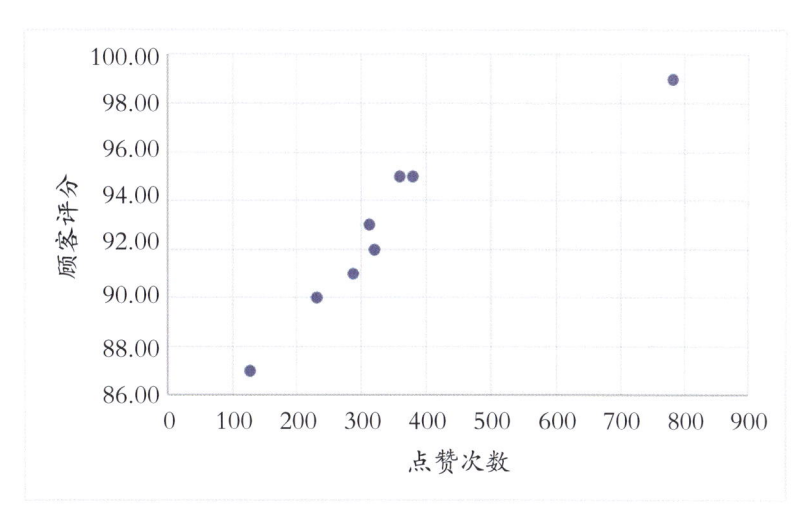

图 2.4.1　点赞次数与顾客评分的散点图

学一学

那么，怎样才能绘制出一张这样的"散点图"呢？

	A	B	C
1	菜品	点赞次数	顾客评分
2	清炒桃丝竹	780	99.00
3	炝炒冷箭竹	320	92.00
4	水果拼盘	360	95.00
5	青草饼干	127	87.00
6	蜂蜜小馒头	312	93.00
7	熊熊曲奇	287	91.00
8	麻辣笋丝	380	95.00
9	宫保蘑菇	230	90.00

图 2.4.2　各道菜的评价数据

图 2.4.2 给出了上周日彩色餐厅各道菜品的"顾客评分"数据，同时还给出了顾客的"点赞次数"。大家也可以找到本书"配套数据资源"中的 Excel 数据文件 **"散点图—评价数据 .xlsx"**（或者扫描右下方的二维码进行下载），然后打开文件。

扫码打开文件

在打开数据文件之后，选中"点赞次数"和"顾客评分"这两组的数据。然后单击菜单栏中的"插入"选项，并找到"图表"选项区域。在这里，你可以找到散点图的快捷图标""。单击这个图标之后，就会出现一个下拉框，里面有很多可供选择的图形样式。在图 2.4.3 中，我们就选择了最简单的样式，也就是普通的散点图""。

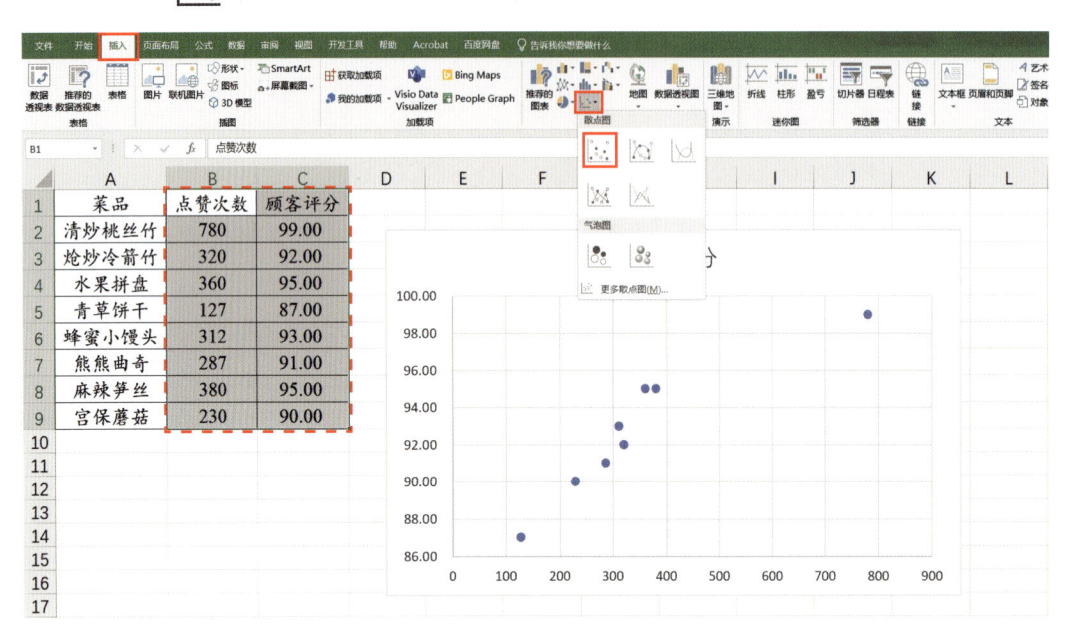

图 2.4.3　插入散点图

为了使这张图更加简洁和清晰，你可以单击图片右侧的小加号""，然后删除"图表标题"；同时还可以选择增加"坐标轴标题"，参见图 2.4.4。

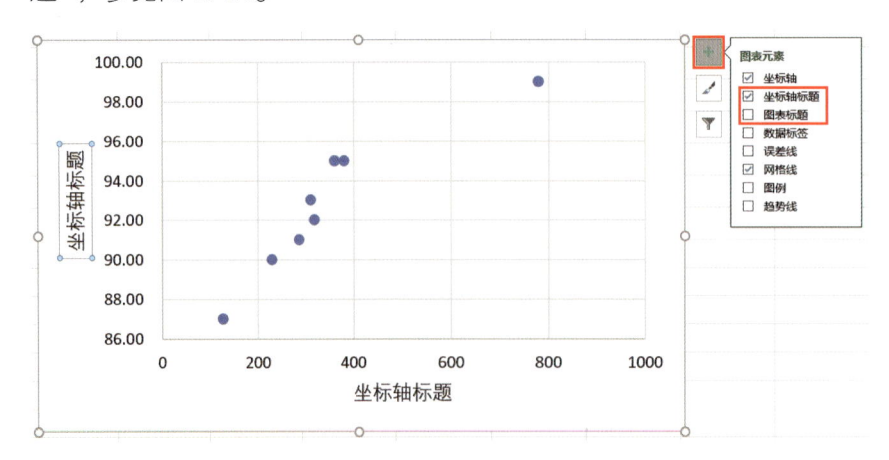

图 2.4.4　去掉"图表标题"以及增加"坐标轴标题"

在图 2.4.5 中，我们把散点图的横坐标轴（简称"横轴"）的名称修改为"点赞次数"，把纵坐标轴（简称"纵轴"）的名称修改为"顾客评分"。

除此之外，还在散点图中增加了一条趋势线。添加趋势线的方法也非常简单，只需要在小加号"＋"的选项中，在最下面的"趋势线"选项里打个小对号就可以了！

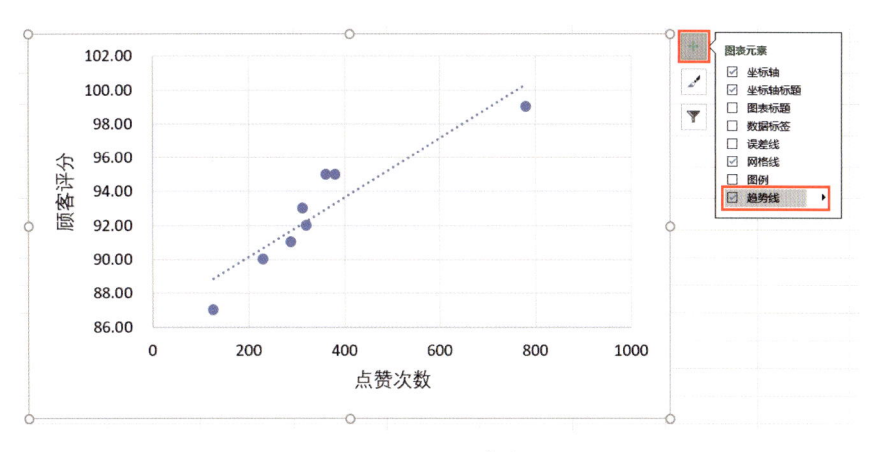

图 2.4.5　添加"趋势线"的办法

> 大家还可以利用自己已经掌握的技术，进一步修饰你的散点图哦！

你还记得那个"设置图表的样式和配色方案"的小刷子"🖌"吗？使用它，就可以改变散点图的"样式"和"颜色"，参见图 2.4.6。

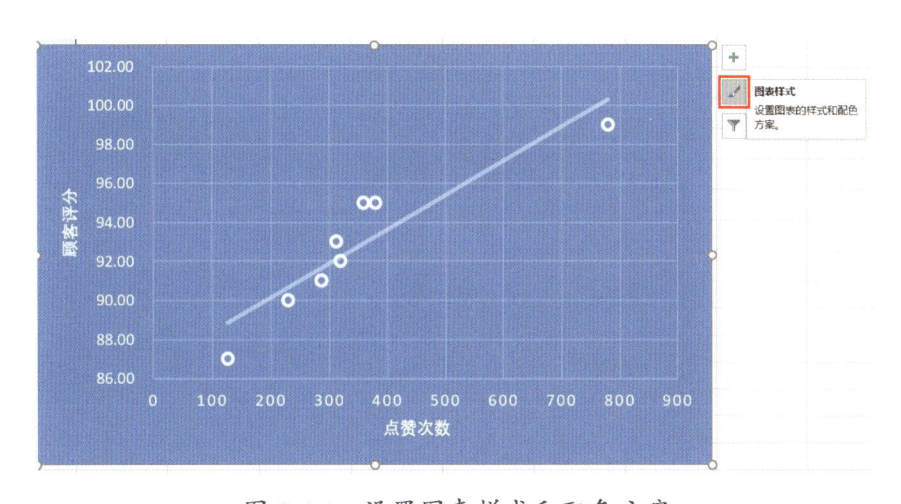

图 2.4.6　设置图表样式和配色方案

你知道如何更换散点图中的横坐标和纵坐标吗？

相信大家一定已经发现了，刚才在图 2.4.3 中绘制散点图时，Excel 软件是默认使用了数据表左列的"点赞次数"为横轴，而以右列的"顾客评分"为纵轴的。那么如果我们想换过来，使用右列的数据系列作为横轴，而把左列的数据系列作为纵轴，那该怎么办呢？

你只需要点开"图表筛选器"的小漏斗图标"　"，然后在"数值"的"系列"部分，单击"顾客评分"右侧的"编辑序列"图标"　"，参见图 2.4.7。

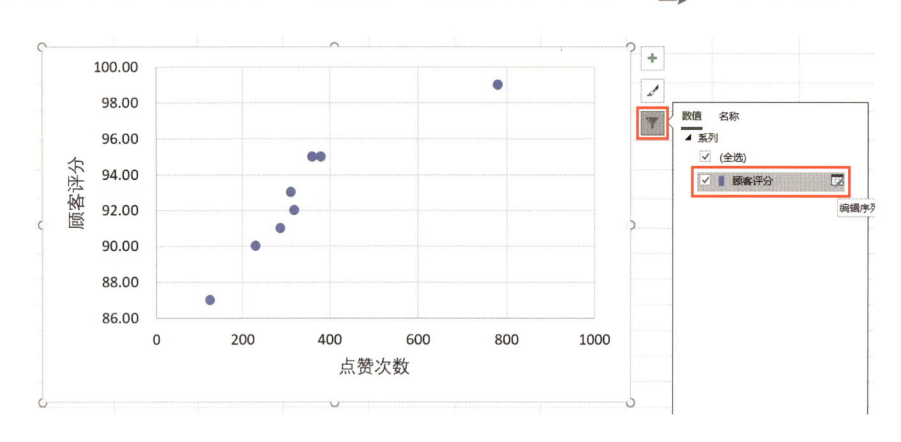

图 2.4.7　在图表筛选器中选择"编辑系列"

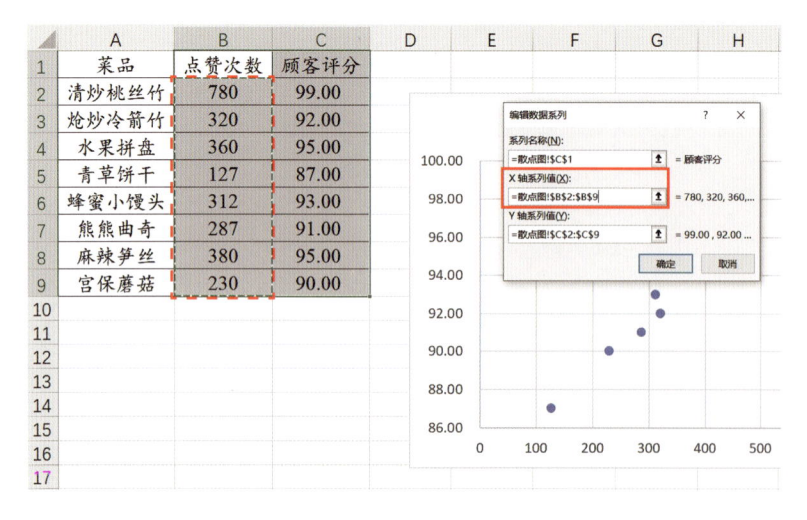

接着，就会弹出一个"编辑数据系列"的对话框。为了选择横轴（x 轴）的数据系列，你可以先点击"x 轴系列值"右边的小箭头图标"　"（箭头向上），具体操作方法可以参见图 2.4.8。

图 2.4.8　在"编辑数据系列"对话框中，点击"X 轴系列值"

紧接着，就像下面的图 2.4.9 一样，又会弹出来一个"编辑数据系列"的小对话框，询问我们：即将输入的数据是哪些？这时，就可以选中"顾客评分"这个系列的数据，再单击对话框中的小箭头图标" ⬇ "（箭头向下），进行赋值。这样就把"顾客评分"这组数据设置放入到"x 轴系列值"了。

同理，可以把"点赞次数"的数据放在"y 轴系列值"中。最后，再单击"确定"，原图的横轴（x 轴）与纵轴（y 轴）的位置就更换过来了。此外，还请大家千万不要忘记了，要把新的散点图的坐标轴名称也更换过来啊，参见图 2.4.10。

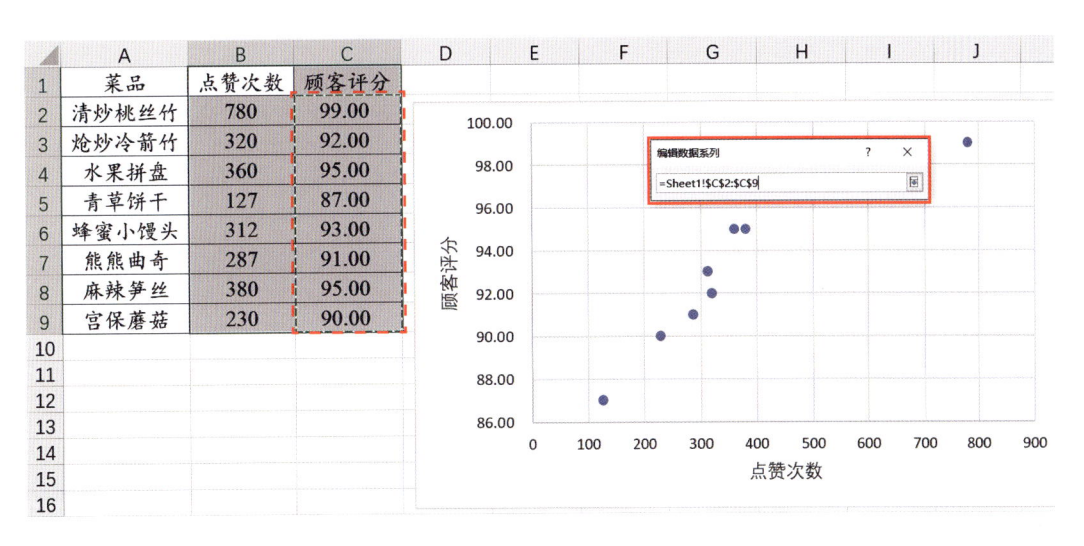

图 2.4.9　在"编辑数据系列"的对话框中进行赋值

图 2.4.10 就是一张以"顾客评分"为横轴（x 轴），以"点赞次数"为纵轴（y 轴）的散点图。这与此前的图 2.4.1 正好是相反的哦！请你再仔细回忆一下，这是怎么做到的？

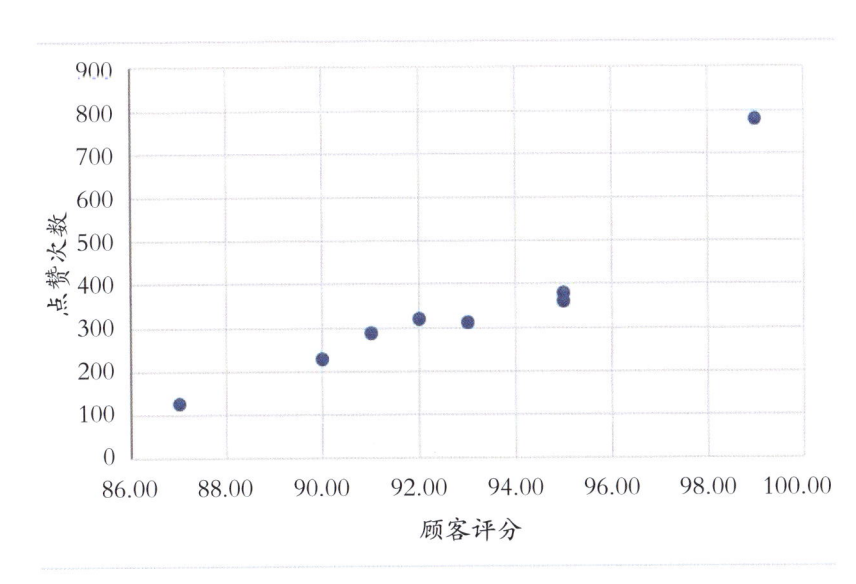

图 2.4.10　以顾客评分为横轴、点赞次数为纵轴的散点图

我刚才在散点图的各种选项中，还看见一种"气泡图"。什么时候可以使用这种漂亮的泡泡图呢？

散点图可以用来反映 2 个变量之间的关系，而气泡图则可以同时反映 3 个变量之间的关系。比如除了各道菜品的"点赞次数"和"顾客评分"，还有它上周的"销售量"数据（单位：份），如图 2.4.11 所示。那么，我们就可以绘制一张气泡图，看看每道菜的销售量是否与顾客对菜品的评价有关。

	A	B	C	D
1	菜品	点赞次数	顾客评分	销售量
2	清炒桃丝竹	780	99.00	158
3	炝炒冷箭竹	320	92.00	116
4	水果拼盘	360	95.00	121
5	青草饼干	127	87.00	56
6	蜂蜜小馒头	312	93.00	112
7	熊熊曲奇	287	91.00	101
8	麻辣笋丝	380	95.00	123
9	宫保蘑菇	230	90.00	86
10				

图 2.4.11　评价情况与销售量的数据表

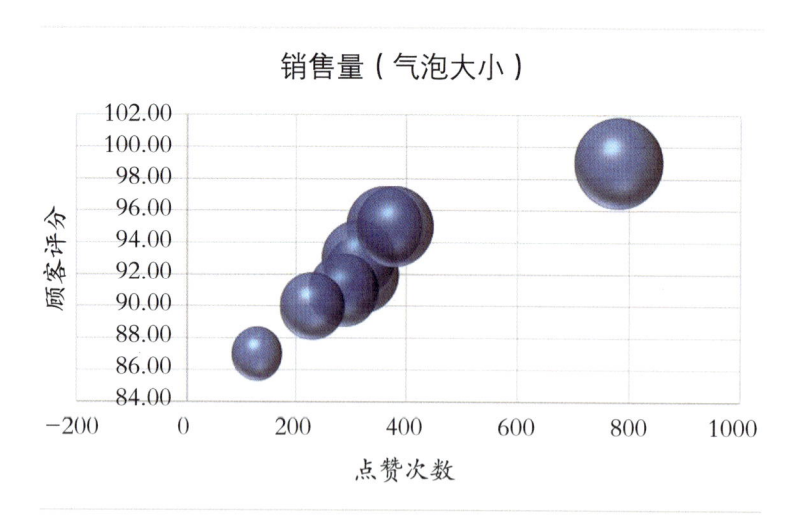

图 2.4.12　顾客评价情况与销售量的气泡图

在图 2.4.12 的气泡图中，横轴是"点赞次数"，纵轴是"顾客评分"；而气泡面积的大小，反映了所对应的"销售量"的多少。所以从这张图中可以得到的信息是："点赞次数"越多的菜品，其"顾客评分"就越高，同时"销售量"也越大！

那么，怎样才能绘制出这样一张漂亮"气泡图"呢？

在图 2.4.11 中，已经给出了相关的数据。大家也可以打开本书"配套数据资源"中的 Excel 数据文件 **"气泡图—评价情况与销售量 .xlsx"**（或者扫描图 2.4.13 右侧二维码进行下载）。

绘制气泡图的第一步，是选中数据表中的 3 组数据的"数值数据部分"（注意不要把数据系列的名称选进来）。然后，就像刚才一样找到散点图的快捷图标" "。只是，这一次你要在最下面的"气泡图"中，选择"三维气泡图"的图标" "，如图 2.4.13 所示。

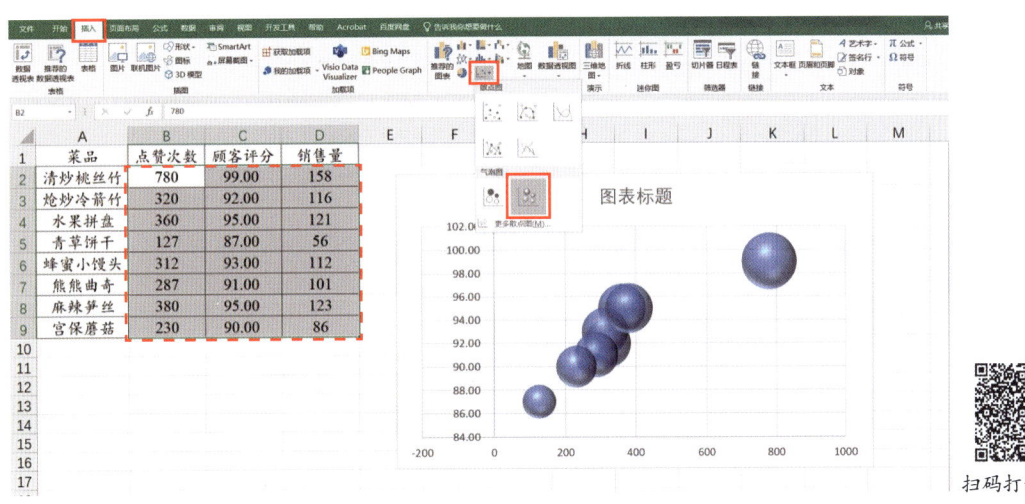

图 2.4.13　插入三维气泡图

此外，还可以设置"坐标轴标题"，把横轴的标题改成"点赞次数"，把纵轴的标题改成"顾客评分"；同时，还可以把图表标题修改为"销售量（气泡大小）"。这样就可以得到与图 2.4.12 一样的气泡图了！

右上角的那个大泡泡，就是清炒桃丝竹这道菜吧？！

注意哦，你可以给每一个小气泡都填充上不同的颜色！

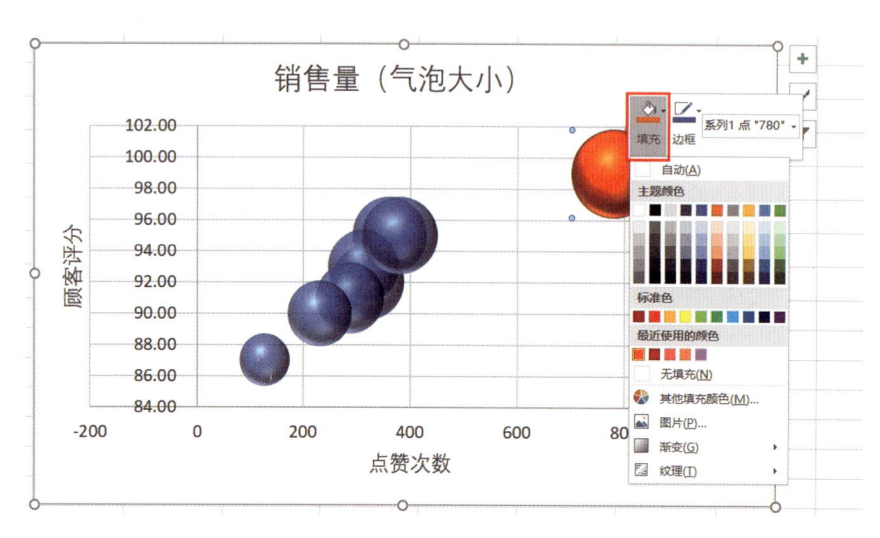

如果你觉得有必要的话，还可以单击鼠标的左键，选中其中某一个小气泡。接着再单击右键，当出现"填充"的图标"🪣"时，单击它，并在"主题颜色"中选择自己喜欢的颜色。这个被你选中的小气泡就变成不同的颜色了（图2.4.14）！

图2.4.14　更换某一个气泡的颜色

大家可以根据工作的需要，将这些小气泡分别修改成不同的颜色。此外，还可以按照自己的喜好，给图片增加底色。请你试试看，如何才能得到和图2.4.15一样的多彩气泡图？

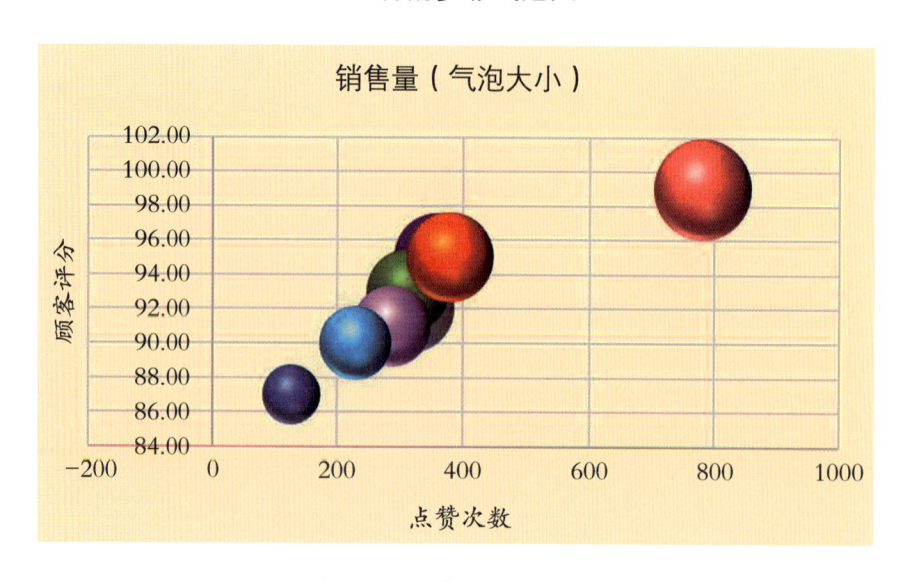

图2.4.15　多彩的气泡图

还有一个小技巧，是如何更换气泡图中的 x 轴、y 轴和气泡大小。

图 2.4.16 在"编辑数据系列"的对话框中进行赋值

类似于编辑散点图的操作，你可以点开"图表筛选器"的小漏斗图标"⛽"，然后找到"编辑序列"图标"✏️"。单击它，就会出现如同图 2.4.16 的对话框。于是，你就可以自主选择哪组数据作为"x 轴系列值"，哪组数据作为"y 轴系列值"，而哪组数据作为"系列气泡大小"。

比如在图 2.4.17 的气泡图中，就以"顾客评分"为 x 轴，以"销售量"为 y 轴，以"点赞次数"为气泡大小。这一次，我们使用的是平面的"气泡图"，还修改了图表的"样式"和"颜色"，并且添加了"数据标签"。请大家试一试，怎样能得到这样一张图吧？

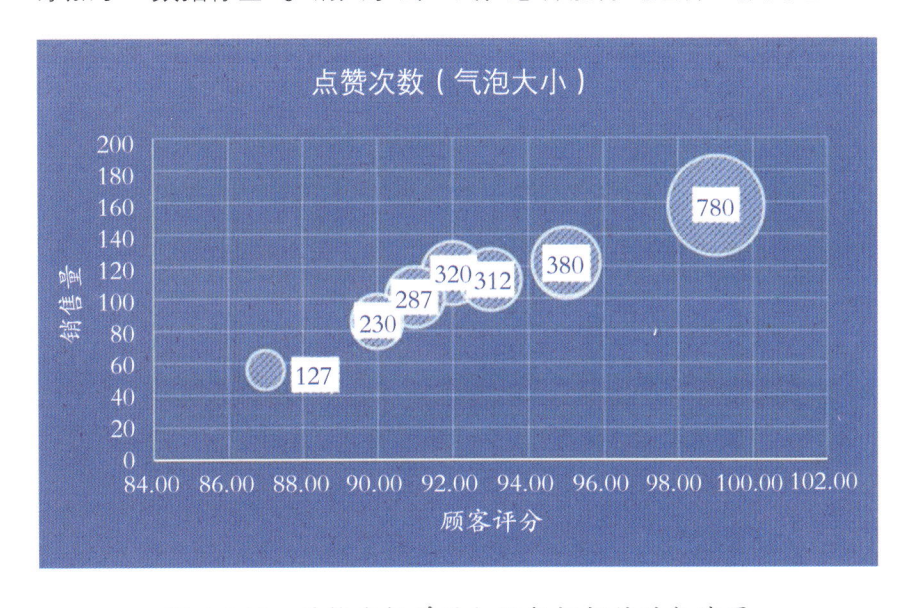

图 2.4.17 更换坐标并添加了数据标签的气泡图

二 想一想

请你回忆一下，绘制散点图和气泡图的过程主要分为哪几个步骤呢？各步骤的具体操作是什么呢？快来总结一下吧！

（1）如何通过"插入"功能绘制一张"散点图"？

（2）如何通过"插入"功能绘制一张"三维气泡图"？

（3）如何更换散点图的横轴（x轴）与纵轴（y轴）？

（4）如何更换气泡图中横轴（x轴）、纵轴（y轴）以及气泡大小？

（5）怎样才能更好地修饰你的散点图或者气泡图？

（6）气泡图与散点图相比，它们各有什么特点？

数据分析百宝箱

散点图适用于在2个变量的情况下，反映数据系统的特征，并且常常被用来比较这2个变量之间的关系。在Excel软件中，虽然气泡图被当作一种特殊的散点图，但它却是用于反映3个变量之间关系的，在实际工作中具有广泛的应用。

三 做一做

大家已经学会如何绘制散点图和气泡图了吗？快来尝试一下，用所学的知识完成对团子亲属的身高、体重和年龄分析吧！

团子亲属的身高、体重和年龄分析

团子一直想研究身高、体重和年龄之间的关系，在学习了散点图和气泡图后，他觉得可以利用这一图表完成分析工作。表 2.4.1 所给出的是团子记录 7 位亲属的数据，包括"身高"（单位：厘米）、"体重"（单位：千克），以及"年龄"（单位：周岁）。大家也可以打开本书"配套数据资源"中的 Excel 数据文件**"散点图—亲属的身高、体重和年龄 .xlsx"**（或扫描二维码打开文件），进行绘图操作。请你运用刚才学过的知识，完成以下两项任务：

（1）以"身高"作为横轴，以"体重"作为纵轴，绘制一张散点图。

（2）以"身高"为横轴，"体重"为纵轴，以"年龄"作为气泡的大小，绘制一张气泡图。

表 2.4.1　团子亲属的身高、体重和年龄

亲属编号	身高/厘米	体重/千克	年龄/周岁
1	80	60	8
2	170	100	14
3	165	85	13
4	180	110	19
5	120	80	10
6	60	40	6
7	140	95	12

扫码打开文件

在完成上述绘图任务之后，你得到了什么结论？是否"身高"越高，其"体重"也越大呢？从"气泡图"中，你还看到了哪些重要的信息呢？

同学们，你们学会画散点图和气泡图了吗？

3 数据带来的启发

卡库大叔在餐厅的经营过程中,还收集了很多其他方面的数据。那么,新新和她的小伙伴们将从这些数据中获得哪些启发?他们又是怎样帮助彩色餐厅进一步改进工作的呢?

在餐厅里点上一杯热茶,和他们一起讨论吧!

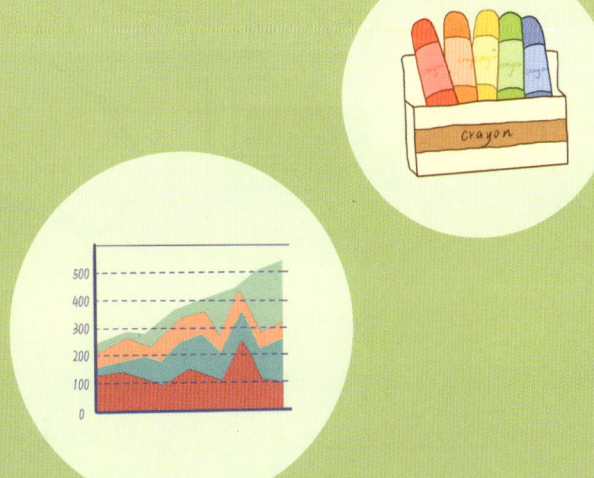

3.1 排序与求和
——卡库大叔的烦恼

在利用散点图和气泡图分析了各种菜品的点赞次数、顾客评分以及销售量之间的关系后,新新和她的小伙伴们对如何从统计图形中获取有用的信息,有了更深的理解。

阳阳看着餐厅里的各色美味,似乎又在思索着什么。

> 彩色餐厅的菜品收获了顾客很高的评价,销售量也挺大,那么相应的销售额是多少呢?

> 计算销售额,得花费我挺多的时间,是我的小烦恼啊!

我们餐厅每周都要统计各种菜品的销售情况，有什么快捷的方法吗？

使用 Excel 软件就能快速计算销售额，还能进行排序！

图 3.1.1 告诉我们，使用 Excel 软件，可以依据彩色餐厅各道菜品的上周销售量（单位：份）以及它们的单价（单位：元），计算出它们上周销售额（单位：元），并依据菜品各自的销售额从高到低进行排序。从中可以看出，销售额最高的是清炒桃丝竹，最低的则是青草饼干。这 8 道菜品的总销售额为 19767 元。

	A	B	C	D
1	菜品名称	销售量	单价	销售额
2	清炒桃丝竹	158	26	4108
3	麻辣笋丝	123	25	3075
4	炝炒冷箭竹	116	23	2668
5	水果拼盘	121	22	2662
6	宫保蘑菇	86	27	2322
7	熊熊曲奇	101	20	2020
8	蜂蜜小馒头	112	18	2016
9	青草饼干	56	16	896
10				19767

图 3.1.1　使用 Excel 软件计算销售额并排序

一学一学

那么，应该如何使用 Excel 软件计算销售额并排序呢？

	A	B	C	D
1	菜品名称	销售量	单价	销售额
2	清炒桃丝竹	158	26	
3	炝炒冷箭竹	116	23	
4	宫保蘑菇	86	27	
5	麻辣笋丝	123	25	
6	蜂蜜小馒头	112	18	
7	水果拼盘	121	22	
8	熊熊曲奇	101	20	
9	青草饼干	56	16	

图 3.1.2　彩色餐厅 8 种菜品的销售量和单价

在图 3.1.2 中，给出了彩色餐厅 8 种菜品的销售量（单位：份）和单价（单位：元）。请大家找到本书"配套数据资源"中的 Excel 数据文件 **"排序与求和—餐厅销售额 .xlsx"**（或者扫描左下方的二维码），然后打开文件。

首先，分别计算 8 种菜品各自的销售额。大家知道：销售额 = 销售量 × 单价。那么在 Excel 软件中应如何实现这一计算呢？

以清炒桃丝竹为例，首先单击对应的"销售额"单元格（D2），再输入等号"="；接着，再单击清炒桃丝竹"销售量"所对应的单元格（B2），并输入乘号"*"；然后，再单击"单价"所对应的单元格（C2）；最后按回车键。这个计算过程如图 3.1.3 所示。

扫码打开文件

	A	B	C	D
1	菜品名称	销售量	单价	销售额
2	清炒桃丝竹	158	26	=B2*C2
3	炝炒冷箭竹	116	23	
4	宫保蘑菇	86	27	
5	麻辣笋丝	123	25	
6	蜂蜜小馒头	112	18	
7	水果拼盘	121	22	
8	熊熊曲奇	101	20	
9	青草饼干	56	16	

图 3.1.3　计算清炒桃丝竹的销售额

实际上，在 Excel 软件中，等号"="可以将单元格与单元格之间的数值联系起来。在图 3.1.3 中，便利用等号"="将单元格 D2 与单元格 B2 和 C2 联系了起来，使 D2 的值等于 B2 与 C2 值的乘积。

所以，如果我们调整了 B2 或 C2 单元格的数值，那么 D2 单元格的数值同样也会跟着发生变化！图 3.1.4 和图 3.1.5 展示了清炒桃丝竹的销售量从 158 份增加到 160 份时，销售额的变化。

	A	B	C	D
1	菜品名称	销售量	单价	销售额
2	清炒桃丝竹	158	26	4108
3	炝炒冷箭竹	116	23	
4	宫保蘑菇	86	27	
5	麻辣笋丝	123	25	
6	蜂蜜小馒头	112	18	
7	水果拼盘	121	22	
8	熊熊曲奇	101	20	
9	青草饼干	56	16	

图 3.1.4　清炒桃丝竹销售量变化前的销售额

	A	B	C	D
1	菜品名称	销售量	单价	销售额
2	清炒桃丝竹	160	26	4160
3	炝炒冷箭竹	116	23	
4	宫保蘑菇	86	27	
5	麻辣笋丝	123	25	
6	蜂蜜小馒头	112	18	
7	水果拼盘	121	22	
8	熊熊曲奇	101	20	
9	青草饼干	56	16	

图 3.1.5　销售量变化后销售额自动改变

巧妙地利用等号"=",建立起单元格之间的联系,能够给计算带来很多便利!

Excel软件提供了一种方便的工具,帮助我们处理单元格之间的联系,它们被称为"Excel函数公式",感兴趣的同学可以上互联网搜索哦!

接下来,可以类似地计算出其余菜品的销售额。但Excel软件还为我们提供了一种更便利的工具,即"下拉填充"。单击清炒桃丝竹销售额的单元格(D2),将鼠标移动到单元格的右下角,鼠标会变为黑色的"+"字。此时长按鼠标左键,并拖动鼠标向下移动至青草饼干的销售额所在单元格(D9)。松开鼠标,Excel软件便自动计算出其余菜品的销售额,如图3.1.6所示。

	A	B	C	D	E
1	菜品名称	销售量	单价	销售额	
2	清炒桃丝竹	158	26	4108	
3	炝炒冷箭竹	116	23	2668	
4	宫保蘑菇	86	27	2322	
5	麻辣笋丝	123	25	3075	
6	蜂蜜小馒头	112	18	2016	
7	水果拼盘	121	22	2662	
8	熊熊曲奇	101	20	2020	
9	青草饼干	56	16	896	
10					

图3.1.6 利用"下拉填充"功能计算其余菜品销售额

> 那么，这个"下拉填充"的功能是怎么实现的呢？

在图 3.1.6 所示的过程中，"下拉填充"的出发点是 D2 单元格，它的计算规则是"B2*C2"。在 Excel 软件的默认设置下，"下拉填充"将依次赋予后续单元格同样的计算规则，其中单元格编号的数字依次加 1，也就是"B3*C3""B4*C4"……例如图 3.1.7 展示了"下拉填充"赋予青草饼干的销售额计算规则，与我们的预期相同！

图 3.1.7 利用"下拉填充"赋予的青草饼干的销售额计算规则

> 各道菜品的销售额有高有低，怎样才能将菜品按照销售额进行排序呢？

请你用鼠标左键选中销售额所在列，也就是 D 列。之后，在菜单栏中的"开始"选项中，找到"排序和筛选"的快捷图标"[图标]"，并单击。当出现下拉框时，选择"降序"。在随后跳出的"排序提醒"对话框中，选择"拓展选定区域"，再单击"排序"。这部分操作如图 3.1.8 所示。

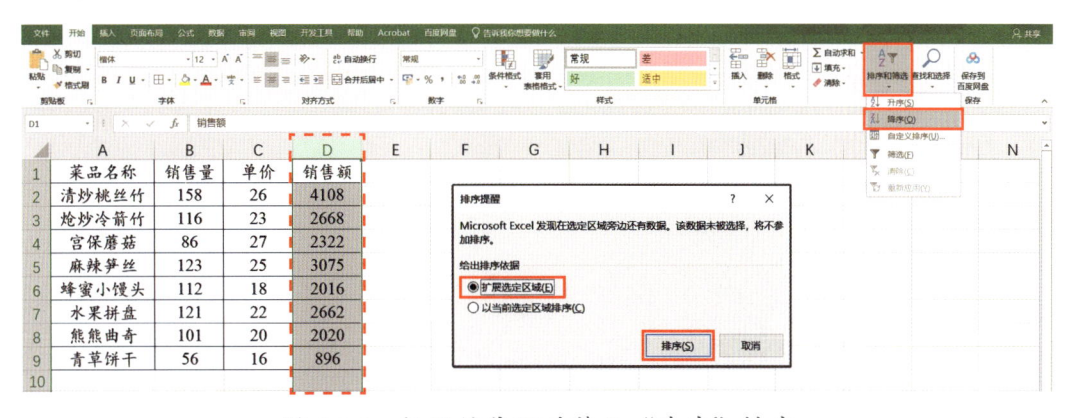

图 3.1.8 按照销售额对菜品"降序"排序

81

经过上述步骤，便能够得到按照销售额"降序"排序的各道菜品，如图3.1.9所示。在这张图中，可见菜品名称、销售量和单价都随着销售额发生了移动。清炒桃丝竹和青草饼干分别是销售额最高与最低的菜品。

	A	B	C	D
1	菜品名称	销售量	单价	销售额
2	清炒桃丝竹	158	26	4108
3	麻辣笋丝	123	25	3075
4	炝炒冷箭竹	116	23	2668
5	水果拼盘	121	22	2662
6	宫保蘑菇	86	27	2322
7	熊熊曲奇	101	20	2020
8	蜂蜜小馒头	112	18	2016
9	青草饼干	56	16	896

图3.1.9 按照销售额进行"降序"排序的各道菜品

> 按照"升序"排序会怎么样呢？大家快来试一试吧！

> 计算出每道菜品的销售额之后，就可以计算总的销售额了！

请用鼠标左键选中各道菜品的销售额数据，如图3.1.10所示。然后，在菜单栏中的"开始"选项中，找到"自动求和"的快捷图标"∑"，并单击；或者，在"自动求和"的下拉框中选择"求和"。之后，在销售额对应列的最底端的单元格（D10），便会计算得到总销售额，也就是19767元。

图3.1.10 选中所有数据进行"自动求和"

当然，我们也可以在任意指定的位置显示计算结果。你可以选中某一个单元格（例如 E10），然后单击"自动求和"的图标"∑"；接着再用鼠标选中需要求和的数值区域（D2—D9），再按回车键，参见图 3.1.11。在单元格 E10 中，便显示出了总销售额的计算结果。

图 3.1.11　在指定单元格显示"自动求和"的结果

> 需要注意的是，在刚才介绍的计算方法中，利用了等号"="来联系起各个单元格。所以当改变某些单元格的数值时，Excel软件就会自动改变其他相应单元格的数值。这在某些时候，会给计算带来便利。但在某些工作场景中，我们却希望获得固定的数值，那该怎么办呢？

> 我们如何"切断"这种单元格之间的联系，从而获得固定的数值呢？

选中销售额所在的列，单击鼠标右键，选择"复制"；在另外空白列的某个单元格（例如 E1），再次单击鼠标右键，在"粘贴选项"中，单击"值"的图标"123"。如此便通过复制粘贴，得到了一列固定的数值，它是不再随销售量和单价变化的销售额。具体的操作过程如图 3.1.12 所示。

	A	B	C	D	E
1	菜品名称	销售量	单价	销售额	销售额
2	清炒桃丝竹	158	26	4108	4108
3	麻辣笋丝	123	25	3075	3075
4	炝炒冷箭竹	116	23	2668	2668
5	水果拼盘	121	22	2662	2662
6	宫保蘑菇	86	27	2322	2322
7	熊熊曲奇	101	20	2020	2020
8	蜂蜜小馒头	112	18	2016	2016
9	青草饼干	56	16	896	896

图 3.1.12　利用复制－粘贴获得销售额的值

例如在图 3.1.13 中，清炒桃丝竹的销售量从 158 份变化到 160 份，原始的销售额变化为 4160 元，而在复制粘贴得到的销售额系列中，该数值依然保持为 4108 元。

	A	B	C	D	E
1	菜品名称	销售量	单价	销售额	销售额
2	清炒桃丝竹	160	26	4160	4108
3	麻辣笋丝	123	25	3075	3075
4	炝炒冷箭竹	116	23	2668	2668
5	水果拼盘	121	22	2662	2662
6	宫保蘑菇	86	27	2322	2322
7	熊熊曲奇	101	20	2020	2020
8	蜂蜜小馒头	112	18	2016	2016
9	青草饼干	56	16	896	896

图 3.1.13　销售量变化时两列销售额的变化

数据分析百宝箱

在 Excel 软件中，利用等号"="可以建立起各个单元格之间的联系。"排序"功能能够按照某一标准（如销售额）对数据进行排序。"自动求和"功能能够快速地实现对某一列数据进行求和。巧妙地应用这些工具，能够为数据计算带来很多的便利！

二 想一想

请你回忆一下，你和卡库大叔计算销售额的过程主要分为哪几个步骤呢？各步骤的具体操作是什么呢？快来总结一下吧！

（1）如何通过等号"="来建立各个单元格之间的联系？

（2）应用"下拉填充"功能计算销售额的操作步骤是什么？

（3）如何将数据按照销售额"降序"进行排序？那么怎样进行"升序"排序呢？

（4）如何计算总的销售额呢？

（5）复制—粘贴"值"得到的销售额与图 3.1.3 计算的结果有什么区别？

（6）运用排序与求和的方法，可以解决生活中的什么问题？

三 做一做

大家已经学会如何利用 Excel 软件进行排序和求和了吗？快来尝试做一做，帮助卡库大叔完成食材的采购吧！

卡库大叔的食材预算

卡库大叔的餐厅备受顾客的欢迎，经常需要到市场采购食材。表 3.1.1 给出了本次计划购买食材的数量（单位：千克）和价格（单位：元）。请你运用刚才学过的知识，帮助卡库大叔计算一下这次采购的预算吧。大家也可以打开本书"配套数据资源"中的 Excel 数据文件 **"排序与求和—食材预算 .xlsx"**（或扫描表 3.1.1 左侧的二维码下载），并进行操作。

表 3.1.1 原材料的数量和价格

食材	数量/千克	价格/元
桃丝竹	40	6
蜂蜜	4	30
面粉	22	4
蘑菇	22	12
冷箭竹	15	8
黑麦草	3	24
冬笋	30	16
苹果	15	8
橘子	15	6

扫码打开文件

每一种食材的总价是多少呢？总价最高和最低的食材是什么呢？这一次采购卡库大叔要花费多少钱呢？

3.2 堆积柱形图
——清炒桃丝竹与青草饼干

大家用餐之后，坐在一起喝茶聊天。午后的一缕阳光透过窗户照在餐桌上，桌上和手上的茶杯都是暖暖的。

彩色餐厅最近还做了一个问卷调查，请顾客对他们品尝过的每道菜品都进行评价。我们怎样运用这些数据，才能改进餐厅的工作呢？

我们先来绘制一张"堆积柱形图"吧，从中就能了解顾客对各道菜品的喜爱程度了。

这张小问卷的第一个问题，是在顾客用餐后，请他们对品尝过的每道菜品都进行评价，其中有3个选项：喜欢、一般、不喜欢。

图 3.2.1 是利用昨天的问卷调查数据绘制出来的堆积柱形图。从图中可以看出，清炒桃丝竹的顾客评价次数是最多的，这说明这道菜的昨日销售量是最大的。同时，从每个小矩形中不同颜色的占比还可以大致判断，喜欢清炒桃丝竹的顾客比例也是很高的。反过来，再看青草饼干的情况，它的顾客评价次数比较少，而且表示"不喜欢"的顾客比例也十分高。

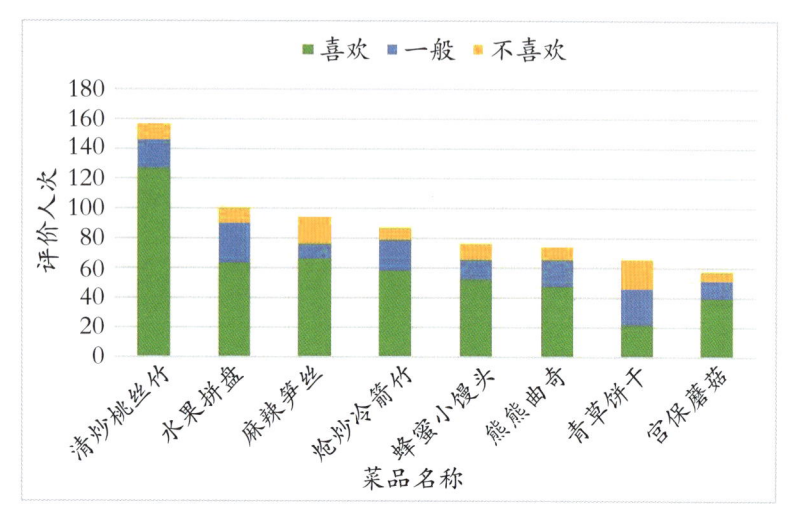

图 3.2.1 菜品问卷数据的堆积柱形图

学一学

那么，我们利用什么工具可以绘制出一张堆积柱形图呢？

图 3.2.2 给出了彩色餐厅各道菜品的问卷评价数据，大家也可以打开本书"配套数据资源"中的 Excel 数据文件**"堆积柱形图—菜品的问卷评价 .xlsx"**（或者扫描右下方二维码）。

	A	B	C	D
1	菜品	喜欢	一般	不喜欢
2	清炒桃丝竹	127	19	11
3	炝炒冷箭竹	58	21	8
4	水果拼盘	63	27	10
5	青草饼干	21	25	19
6	蜂蜜小馒头	52	13	11
7	熊熊曲奇	47	18	9
8	麻辣笋丝	66	10	18
9	宫保蘑菇	39	12	6

图 3.2.2 菜品的问卷评价数据（单位：人次）

扫码打开文件

在打开文件并选中所有数据之后，请大家单击上方菜单栏中的"插入"，再找到"图表"选项区域中的"插入柱形图或条形图"的按钮"　"；然后，找到"二维柱形图"中的"堆积柱形图"的图标"　"，并单击，这样便能得到一张初步的堆积柱形图了（图 3.2.3）。

图 3.2.3　插入堆积柱形图

下面请大家一起来想一想，从图 3.2.4 中，主要可以解读出哪些有用的信息呢？你能否快速说出：昨天哪些菜品的评价次数比较多，哪些菜品比较少呢？想必细心的读者已经注意到了，由于在这张图中，评价次数的排列缺乏规律，因此解读起来是比较困难的。

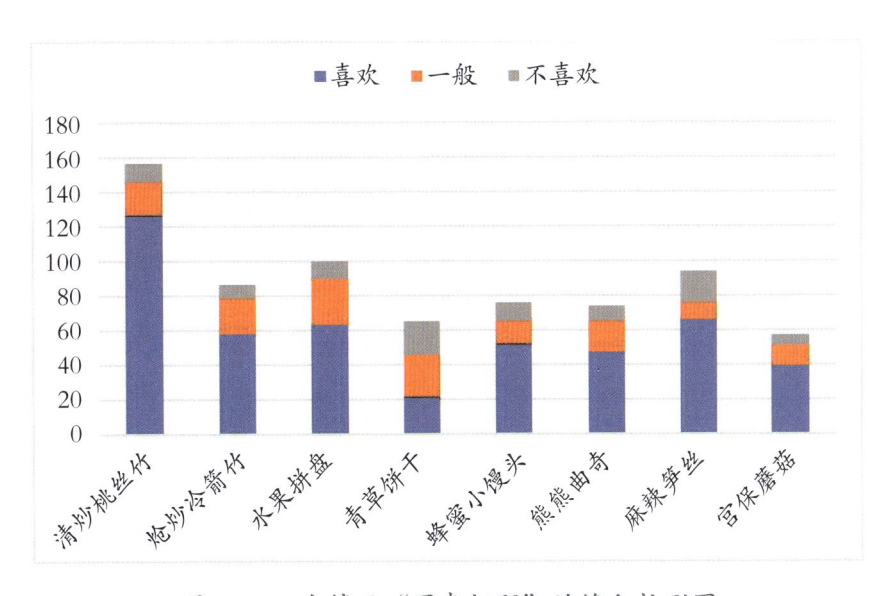

图 3.2.4　去掉了"图表标题"的堆积柱形图

> 那么，怎样绘制出"评价次数排列有规律"的堆积柱形图呢？

请你首先按照第 3.1 节介绍的方法，计算每道菜的总的顾客评价次数。所以，请在 E1 单元格输入"评价次数"的标题，然后在 E2 单元格中输入"=B2+C2+D2"；当你按回车键以后，在 E2 单元格中就会出现计算结果"157"（它等于 127+19+11），这是清炒桃丝竹这道菜全部的顾客评价次数。接着，再利用"下拉填充"方法，就可以计算出每一道菜的"评价次数"（图 3.2.5）。

	A	B	C	D	E
1	菜品	喜欢	一般	不喜欢	评价次数
2	清炒桃丝竹	127	19	11	157
3	炝炒冷箭竹	58	21	8	87
4	水果拼盘	63	27	10	100
5	青草饼干	21	25	19	65
6	蜂蜜小馒头	52	13	11	76
7	熊熊曲奇	47	18	9	74
8	麻辣笋丝	66	10	18	94
9	宫保蘑菇	39	12	6	57

图 3.2.5　各道菜品的顾客"评价次数"

接下来，还是按照第 3.1 节介绍的方法，对"评价次数"进行"降序"排序，由此得到如图 3.2.6 所示的数据表。很显然，利用这张表中的数据来绘制堆积柱形图，其规律性会更强，对图中含义的解读也会更加方便快捷。

	A	B	C	D	E
1	菜品	喜欢	一般	不喜欢	评价次数
2	清炒桃丝竹	127	19	11	157
3	水果拼盘	63	27	10	100
4	麻辣笋丝	66	10	18	94
5	炝炒冷箭竹	58	21	8	87
6	蜂蜜小馒头	52	13	11	76
7	熊熊曲奇	47	18	9	74
8	青草饼干	21	25	19	65
9	宫保蘑菇	39	12	6	57

图 3.2.6　按照"评价次数"排序之后的数据表

当然了，你还可以在堆积柱形图上增加数据标签哦！

大家可以点击"数据标签"旁边的小对号，这样就可以通过添加"数据标签"，在图中直接显示出各道菜品的顾客评价次数了，如图 3.2.7 所示。

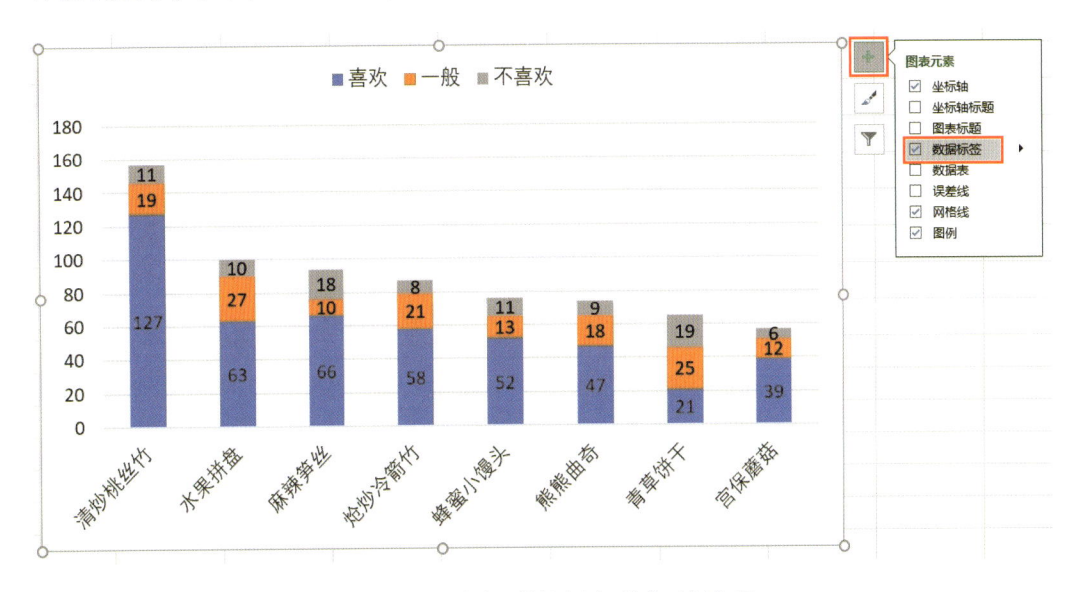

图 3.2.7 添加"数据标签"的过程

从图 3.2.7 这张排序以后的堆积柱形图中，可以很容易地看出各道菜品的评价次数的多少。此外，我们还可以从小矩形的不同颜色中，大致判断顾客好评的比例情况。如果我们把"喜欢的比例"简称为"好评度"，把"不喜欢的比例"称为"差评度"，那么从图 3.2.7 中可以看出，清炒桃丝竹的好评度是很高的，而青草饼干的差评度则是十分明显的。

不过，用堆积柱形图来比较每一道菜品的好评度，感觉还是有些困难啊！

是的，在比较各道菜的好评"比例"时，堆积柱形图是不太直观的。这时候，大家还可以尝试使用"百分比堆积柱形图"。

百分比堆积柱形图的绘制过程与普通的堆积柱形图是相似的。大家还是选中所有数据，在"插入"选项中的"图表"选项区域找到柱形图，并单击"百分比堆积柱形图"的图标"　"。具体操作如 3.2.8 所示。

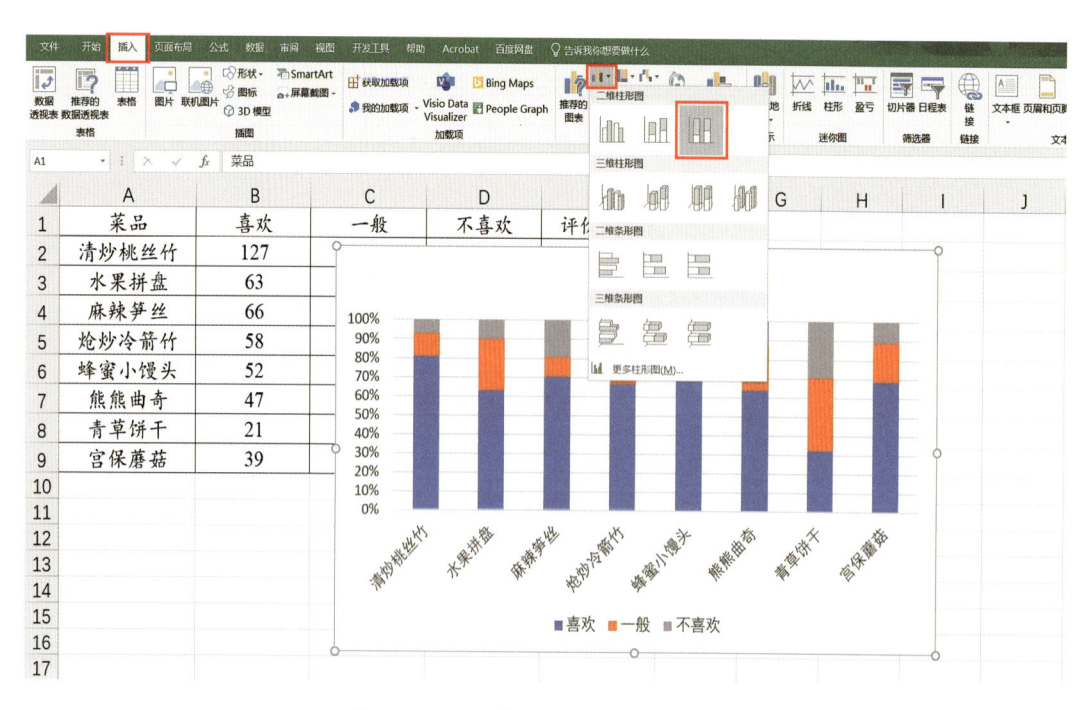

图 3.2.8　绘制百分比堆积柱形图

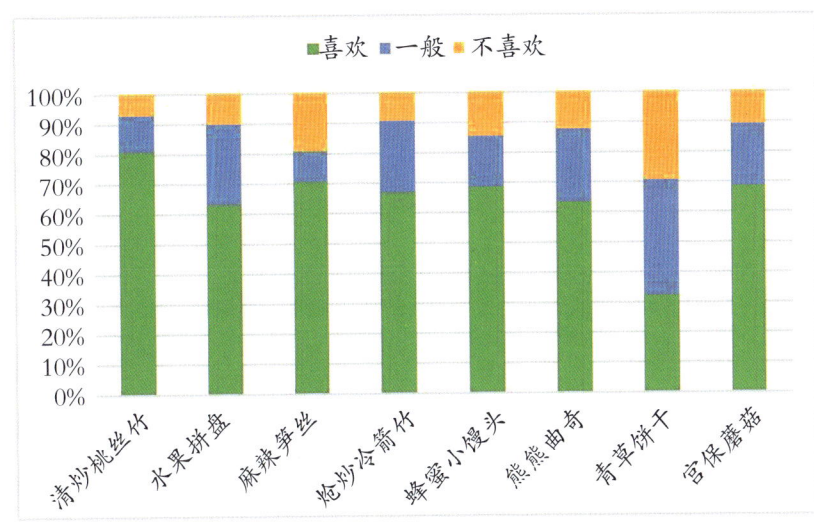

对百分比堆积柱形图的美化过程与对一般的堆积柱形图相同，大家可以尝试一下，将图表标题去掉，并且调整配色方案，即可得到与图 3.2.9 一样的图。

图 3.2.9 菜品问卷数据的百分比堆积柱形图

> 你们看，从这张图片中，是不是更容易比较出不同菜品的好评度了？

从图 3.2.9 中可以准确地看出，清炒桃丝竹的好评度最高，而青草饼干的差评度最大。比较有意思的是，从图 3.2.7 中我们曾经得知，对宫保蘑菇进行评分的顾客人数是最少的，但是从百分比堆积柱形图来看，它的好评度却不是很低的！

这样的数据信息，在普通的堆积柱形图中就不太容易看出来了吧？这对餐厅管理会有什么启示呢？

数据分析百宝箱

堆积柱形图是一种特殊的"柱形图"。在对卡库大叔的问卷数据分析中，一方面可以像柱形图一样，通过每个小矩形的长度来反映其对应菜品的评价次数多少；另一方面，还可以通过小矩形内的不同颜色，来帮助读者大致判断每道菜品的"喜欢、一般、不喜欢"的评价结构。然而，在对多道菜品的"喜欢、一般、不喜欢"的比例结构进行比较的过程中，使用百分比堆积柱形图则会更加简洁和清晰。

想一想

请你回忆一下，绘制堆积柱形图的过程主要分为哪几个步骤呢？各步骤的具体操作是什么呢？快来总结一下吧！

（1）如何绘制一张堆积柱形图？

（2）如何绘制一张百分比堆积柱形图？

（3）堆积柱形图与百分比堆积柱形图之间有什么相同点和不同点？

（4）在实际工作中，当遇到"堆积柱形图—菜品的问卷评价.xlsx"这类数据表时，有些同学会针对每一道菜品，都绘制一张饼图（图 3.2.10）。那么，请你与图 3.2.9 的百分比堆积柱形图比较一下，想一想：哪种图形的展示效果会更加简单和直观呢？

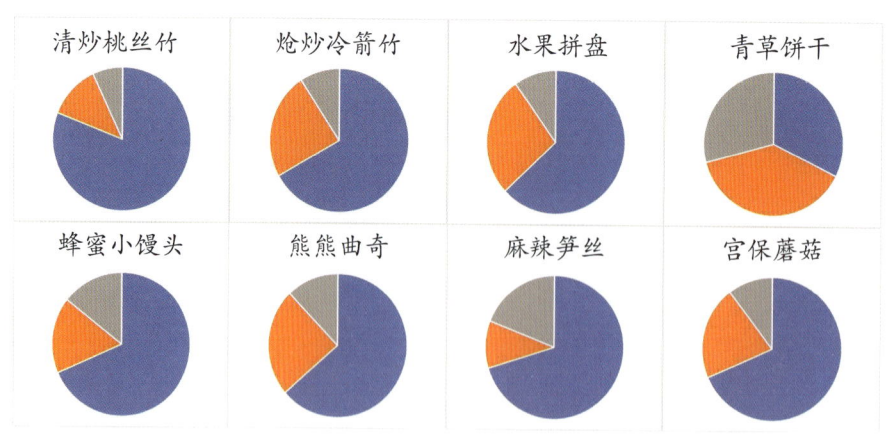

图 3.2.10　菜品问卷评价数据的饼图系列

三 做一做

大家已经学会如何绘制一张堆积柱形图了吗？快来尝试做一做，完成下面的网页访问用户分析吧！

小动物们的个人网页

访德博士请新新、阳阳和团子都创建了自己的个人网页，并统计网页用户通过哪种方式得知的这一网页，结果如表 3.2.1 所示。请大家利用这一张数据表，绘制出堆积柱形图和百分比堆积面积图吧！

大家也可以打开本书"配套数据资源"中的 Excel 数据文件"**堆积柱形图—网页用户来源 .xlsx**"（或扫描表 3.2.1 右侧的二维码下载），并进行绘图操作。

表 3.2.1　网页用户来源　（单位：个）

方式	新新	阳阳	团子
直接搜索	413	207	342
社交网络推荐	106	66	80
他人分享	58	50	44

扫码打开文件

在绘制完之后，你能否能够快速找到：谁的网页最受欢迎？而在谁的网页访问用户中，通过他人分享得知这一网页的人占比最多？

也请你再回忆一下，绘制上述图表的过程主要分为哪几个步骤呢？每个步骤的具体操作又是什么呢？

3.3　面积图
——新新的小妙招

暖阳下,大家听着卡库大叔讲述着餐厅的故事。小伙伴们交谈得很是快乐。谈笑间,团子兴致勃勃地继续追问。

> 已经连续调查了10天了!最近,我们餐厅在清炒桃丝竹这道菜上做了很多改进,感觉这些天顾客的评价似乎越来越好了。不知道从调查数据中能不能看出来?

卡库大叔，彩色餐厅的问卷调查持续多长时间了？

使用"百分比堆积面积图"，可以观察近10天清炒桃丝竹的评价情况。

新新利用近10天来清炒桃丝竹的评价数据,绘制了一张"百分比堆积面积图"(图3.3.1)。从这张图中很容易看出,喜欢清炒桃丝竹的顾客比例变得越来越大,评价"一般"的顾客比例在逐渐收窄,而"不喜欢"的比例在明显下降!

使用"百分比堆积面积图",更容易看出顾客评价结构的动态变化规律。

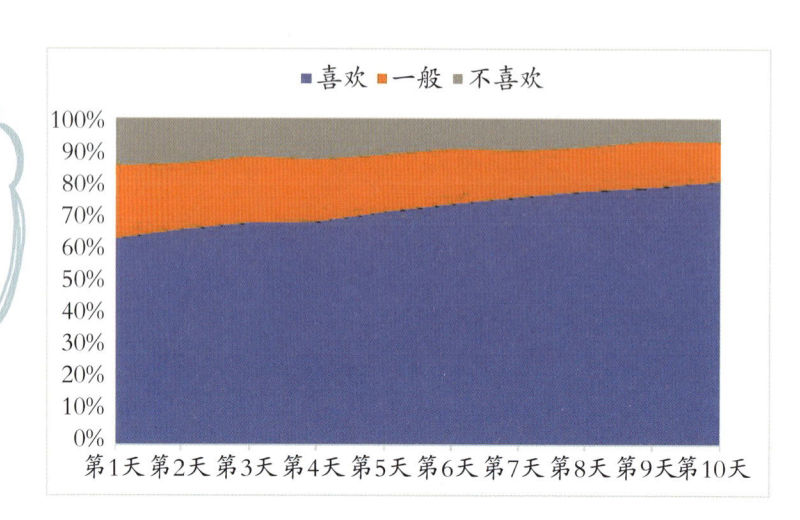

图 3.3.1　清炒桃丝竹评价数据面积图

一学一学

那么,怎样才能够绘制出一张"百分比堆积面积图"呢?

在图3.3.2中,给出了近10天以来清炒桃丝竹这道菜的顾客评价数据。大家也可以打开本书"配套数据资源"中的Excel数据文件"面积图—清炒桃丝竹的评价.xlsx"(或者扫描下方的二维码)。

	A	B	C	D
1	时间	喜欢	一般	不喜欢
2	第1天	84	30	19
3	第2天	111	34	23
4	第3天	101	30	17
5	第4天	100	28	18
6	第5天	92	23	14
7	第6天	96	22	12
8	第7天	85	16	11
9	第8天	127	22	14
10	第9天	129	23	11
11	第10天	127	19	11

图 3.3.2　近10天以来清炒桃丝竹的评价数据(单位:人次)

扫码打开文件

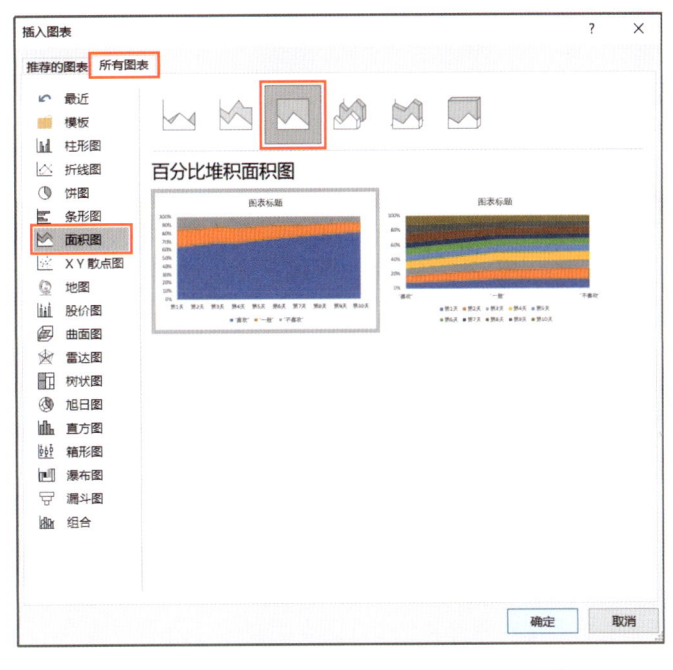

图 3.3.3 添加"百分比堆积面积图"

在打开数据文件之后，请大家选中所有的数据，然后点击菜单栏中的"插入"选项。接着，在"图表"选项区域，找到"插入图表"的对话框（图 3.3.3）。在这个对话框里，请你选择"所有图表"，并且找到"面积图"。而在各种类型的面积图中，请你点击"百分比堆积面积图"的图标""；在选择了合适的图形后，再按"确定"键。

接下来，大家还可以通过图表区右上角的小加号""，去掉"图表标题"，并且把"图例"放在图形的"顶部"。此外，还可以通过小刷子图标""，来选择新的图形配色方案（图 3.3.4）。

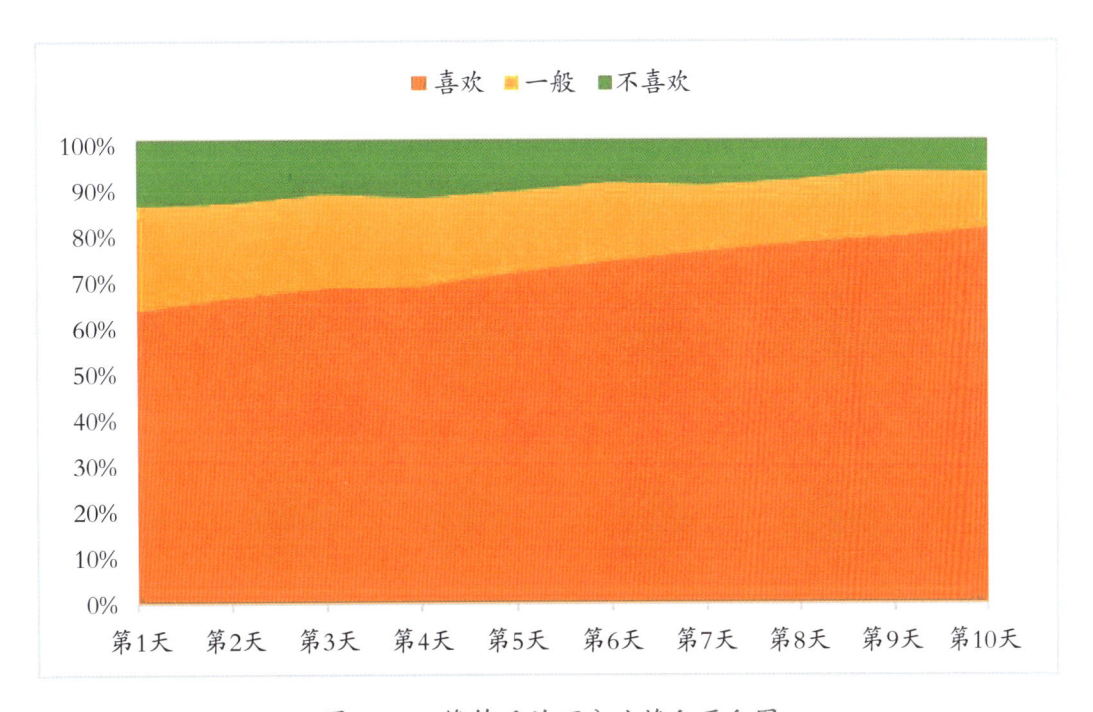

图 3.3.4 修饰后的百分比堆积面积图

当然了，你也可以把百分比堆积面积图中的每一块小区域，分别填充为自己喜欢的色彩或者图案。

下面介绍一下如何设置"图案填充"。请你首先单击鼠标右键，选中"喜欢"部分的面积区域；在紧接着弹出的下拉框中，请单击"设置数据系列格式"；于是，你就会在右侧看见"设置数据系列格式"的对话框，参见图 3.3.5。

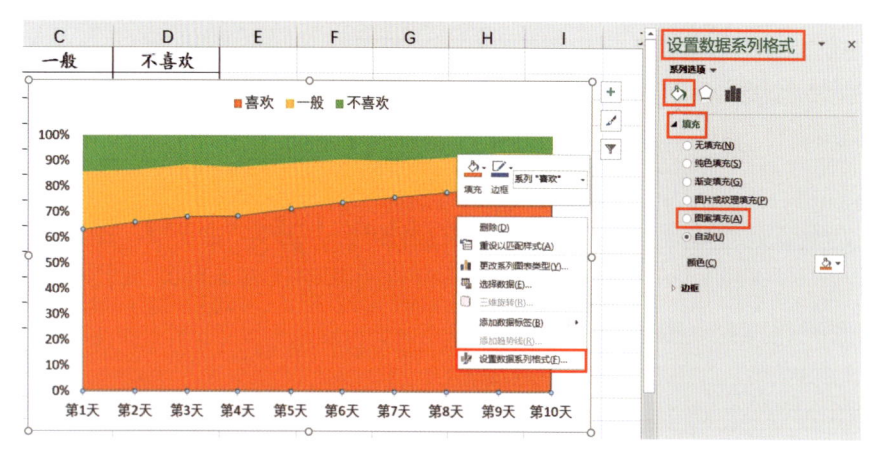

接下来，请你单击"填充与线条"的图标"　"，然后在"填充"的选项中，打开"图案填充"（这时就会出现很多种可供选择的图案，参见图 3.3.6）。于是，你只要选定合适的图案，就完成对"喜欢"这部分面积区域的填充了！

图 3.3.5　填充"图案"的方法

按照上面介绍的方法，你就可以将百分比堆积面积图中的不同区域，填充成各种不同的图案了，如图 3.3.7 所示。

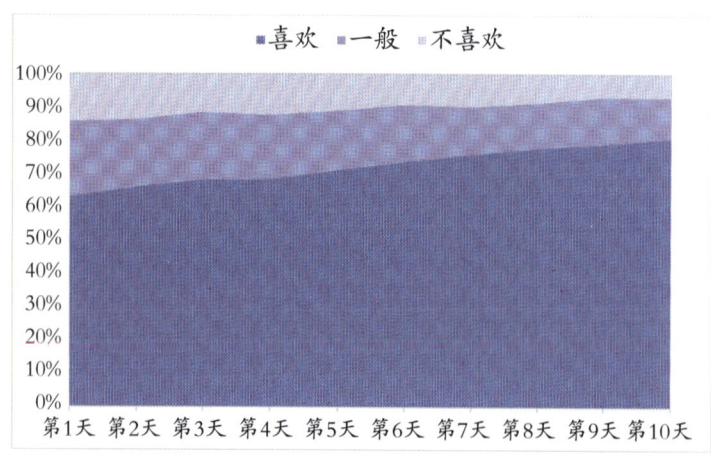

图 3.3.6　各种各样的"图案"　　图 3.3.7　用不同图案填充的百分比堆积面积图

到目前为止，我们已经学习了好几种反映数据结构特征的图表了，比如饼图、百分比堆积柱形图、百分比堆积面积图（图3.3.8）。谁能再总结一下这些图表的特点吗？

清炒桃丝竹

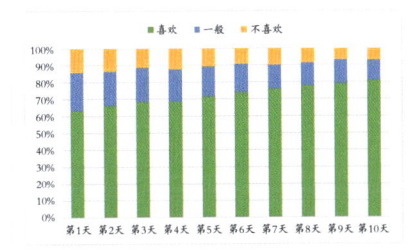

（a）饼图　　　　（b）百分比堆积柱形图　　　　（c）百分比堆积面积图

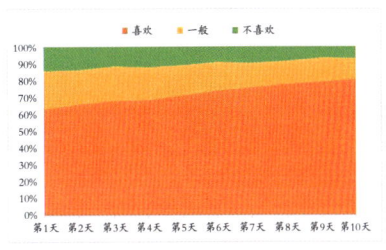

图3.3.8　3种表示数据结构性特征的图表

在反映单个事物或少量事物的比例结构时，我最喜欢使用饼图。但像第3.2节中有许多道菜品的问卷评价数据时，使用百分比堆积柱形图就会更加简洁直观。

如果把横轴设置为时间，那么当某事物的比例结构出现连续性的变化规律时，使用百分比堆积面积图更适合展示数据结构的动态变化趋势。

是啊，对清炒桃丝竹的问卷数据来说，如果我们每一天都绘制一张饼图，10张饼图排放在一起，阅读起来就非常困难了。这时候，就应该使用百分比堆积面积图了！

对彩色餐厅来说，同时比较不同菜品的顾客评价情况，以及动态观察每道菜品的评价变化，这对我们做好管理工作都是十分有帮助的啊！

想一想

请你回忆一下，绘制面积图的过程主要分为哪几个步骤呢？各步骤的具体操作是什么呢？快来总结一下吧！

（1）如何绘制一张百分比堆积面积图？它主要适合哪一类数据分析问题？

（2）在图3.3.9中（根据图3.3.2中的数据绘制），分别绘制了一张折线图和一张百分比堆积面积图。通过比较这两张图，你觉得哪张图中的信息显得更有规律？为什么呢？

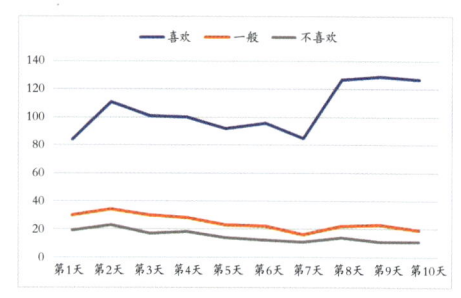

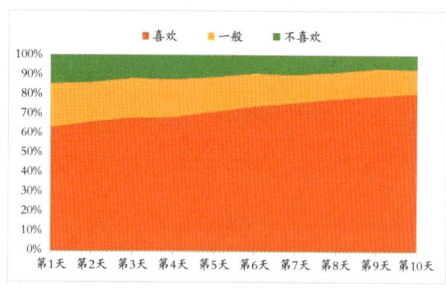

（a）原始数据的折线图　　　　　（b）百分比堆积面积图

图 3.3.9　对比折线图和百分比堆积面积图

数据分析百宝箱

在绘制百分比堆积面积图时，通常把横轴设置为时间，纵轴为某一事物的比例结构，例如喜欢、一般、不喜欢的百分比。所以，这张图的纵轴的取值，总是从0%到100%。在图中，如果随着时间的推移，某一颜色区域的面积越来越大，就意味着它所占的百分比也越来越大；反之亦然。因而，运用百分比堆积面积图，可以通过不同颜色区域的面积大小及其变化趋势，更直观地展示数据结构性特征的动态变化规律。

三 做一做

大家已经学会如何绘制一张百分比堆积面积图了吗？快来尝试做一做，完成下面的公共交通乘客量统计图表吧！

公共交通乘客量统计

在新新他们来到的这座现代城市，去年开通了第一条地铁线路。表 3.3.1 给出的就是地铁开通的一年间，该城市不同类型公共交通工具的乘客量统计表。大家也可以打开本书"配套数据资源"中的 Excel 数据文件 **"面积图—公共交通乘客量 .xlsx"**（或扫描右侧的二维码下载）。请你利用该数据表，绘制一张百分比堆积面积图。

扫码打开文件

表 3.3.1 公共交通乘客量　　　　　　（单位：万人次）

时间	地铁	公交车	出租车	共享单车	其他
1 月	207	1056	417	106	201
2 月	231	1058	383	108	187
3 月	303	1050	354	112	179
4 月	294	1066	362	107	202
5 月	340	1052	340	133	211
6 月	368	1041	331	156	199
7 月	377	1077	320	157	200
8 月	381	1063	324	146	177
9 月	394	1054	317	148	182
10 月	391	1042	313	132	187
11 月	395	1065	308	133	189
12 月	403	1078	302	130	179

在绘图完成之后，你是否能够快速刻画出不同交通工具乘客量的变化情况？

3.4 平均值与极差
——从数据中获取信息

在卡库大叔的小问卷中还有一道题，是请顾客对每道菜品的特点进行评分，包括"口感""造型""营养"。那么，从这些数据中又能够获取到什么信息呢？

> 我们可以分别计算口感、造型和营养评分的平均值和极差！

> 新新，你能不能先给大家解释一下，什么是一组数据的"平均值"呢？

> 就以卡库大叔昨天的问卷调查为例吧。假如昨天有 120 位客人对清炒桃丝竹这道菜的"口感"进行了评分，而且顾客们的评分都不太一样。那么，我们把这 120 位顾客的评分值都加起来，然后再除以 120，这样就可以得到"口感"评分的"平均值"了。如果平均值越高，就说明顾客们普遍都比较喜欢这道菜的口感！

学一学

那么，怎样在 Excel 软件中计算平均值呢？大家快来学一学吧！

卡库大叔想要从总体管理层面分析一下彩色餐厅在"口感""造型"和"营养"这几方面的顾客评价情况。在图 3.4.1 中，给出了清炒桃丝竹等 8 道菜品的评分数据（昨日顾客评分的平均值）。大家也可以打开本书"配套数据资源"中的 Excel 数据文件 **"平均值与极差—问卷评分 .xlsx"**（或者扫描右下方的二维码进行下载）。

	A	B	C	D
1	菜品名称	口感	造型	营养
2	清炒桃丝竹	9	6	7
3	炝炒冷箭竹	9	5	7
4	水果拼盘	8	7	8
5	青草饼干	7	5	6
6	蜂蜜小馒头	8	5	7
7	熊熊曲奇	8	4	6
8	麻辣笋丝	8	3	8
9	宫保蘑菇	7	5	7

扫码打开文件

图 3.4.1 "口感""造型"和"营养"的评分数据（分值为：1—10）

105

在打开数据文件之后，请点击Excel表格中的某个空白单元格（例如B11），在菜单栏中的"开始"选项中，找到"自动求和"的快捷图标"∑"，再点击其下拉选项"∨"，并选择"平均值"。然后，请你用鼠标来选择要计算平均值的数值区域（图3.4.2），再按回车键，就会得到8道菜品"口感"评价的平均值。

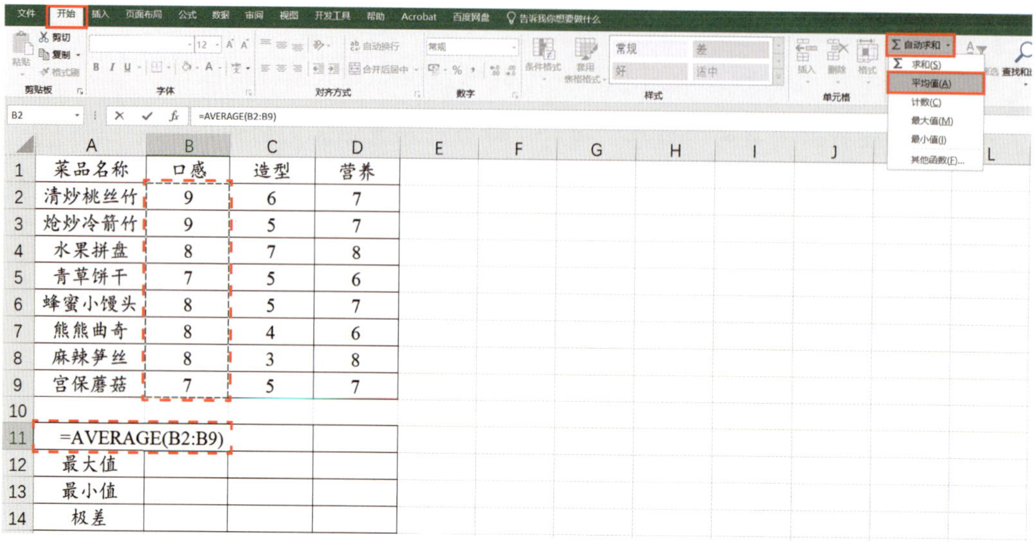

图3.4.2 计算平均值

> 在得到"口感"的平均值以后，我们可以使用"横向填充"的功能，来计算"造型"和"营养"的平均值！

单击"口感"平均值所在的单元格（B11），将鼠标移动到该单元格的右下角，鼠标就会变为黑色的"+"字。此时长按鼠标左键，并拖动鼠标向右移动至"营养"评分所对应的单元格（D11）。松开鼠标后，便能够直接得到"造型"和"营养"评分的平均值了，如图3.4.3所示。

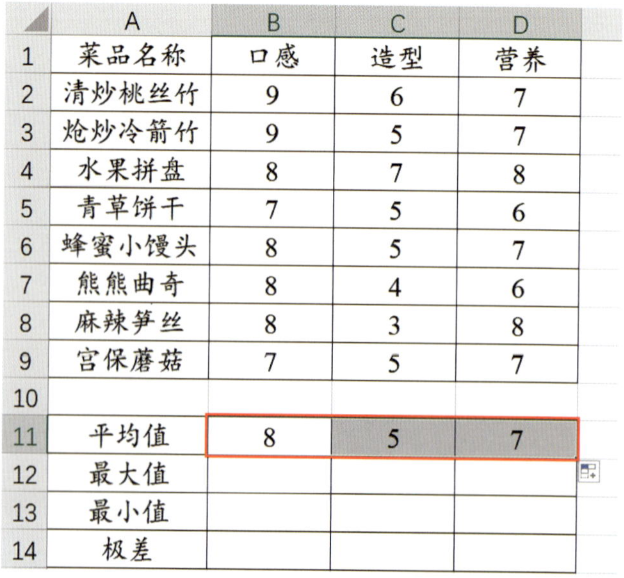

图3.4.3 利用"横向填充"计算平均值

接下来，能不能请阳阳讲一讲，什么是一组数据的"极差"呢？

"极差"可以用来刻画一组数据的差异范围。它的计算方法十分简单：在这组数据集合的所有数值中，用其中的最大值减去最小值，这样就可以得到"极差"了！

为了计算"极差"，我们首先在Excel软件中计算"最大值"。

请你点击Excel表格中的某个空白单元格（如B12），在菜单栏中的"开始"选项中，找到"自动求和"的快捷图标" $\sum$ "，点击其下拉选项" $\vee$ "，并选择"最大值"；接着，用鼠标来选择要计算最大值的数据区域（图3.4.4），再按回车键，就可以计算出这组数据的最大值了。

图 3.4.4　计算最大值

在得到"口感"的最大值（也就是"9"）以后，再利用"横向填充"功能，计算"造型"和"营养"评分的最大值。最终得到的结果，如图 3.4.5 所示。

	A	B	C	D
1	菜品名称	口感	造型	营养
2	清炒桃丝竹	9	6	7
3	炝炒冷箭竹	9	5	7
4	水果拼盘	8	7	8
5	青草饼干	7	5	6
6	蜂蜜小馒头	8	5	7
7	熊熊曲奇	8	4	6
8	麻辣笋丝	8	3	8
9	宫保蘑菇	7	5	7
10				
11	平均值	8	5	7
12	最大值	9	7	8
13	最小值			
14	极差			

图 3.4.5　利用"横向填充"功能计算最大值

接下来的任务是怎样在 Excel 软件中计算"最小值"。

最小值的计算步骤和最大值相似。请你点击最大值下方空白单元格（B13），在菜单栏中的"开始"选项中，找到"自动求和"的快捷图标"∑"，点击其下拉选项"∨"并选择"最小值"。用鼠标选定要计算"最小值"的数据区域（图3.4.6），再按回车键，就可以得到"口感"的最小值了。

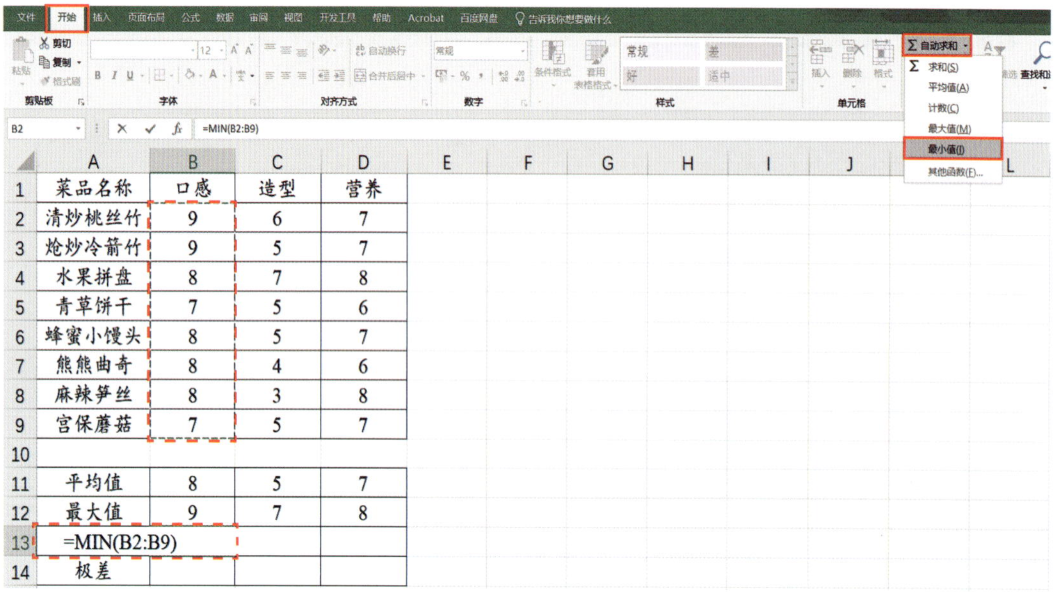

图 3.4.6　计算最小值

	A	B	C	D
1	菜品名称	口感	造型	营养
2	清炒桃丝竹	9	6	7
3	炝炒冷箭竹	9	5	7
4	水果拼盘	8	7	8
5	青草饼干	7	5	6
6	蜂蜜小馒头	8	5	7
7	熊熊曲奇	8	4	6
8	麻辣笋丝	8	3	8
9	宫保蘑菇	7	5	7
10				
11	平均值	8	5	7
12	最大值	9	7	8
13	最小值	7	3	6
14	极差			

在得到"口感"的最小值（也就是"7"）以后，请你利用"横向填充"功能，计算"造型"和"营养"评分的最小值。最终得到的结果如图 3.4.7 所示。

图 3.4.7　利用"横向填充"功能计算最小值

有了"最大值"和"最小值"，就可以很容易地计算出"极差"了！

B13		✗ ✓ fx	=B12-B13	
	A	B	C	D
1	菜品名称	口感	造型	营养
2	清炒桃丝竹	9	6	7
3	炝炒冷箭竹	9	5	7
4	水果拼盘	8	7	8
5	青草饼干	7	5	6
6	蜂蜜小馒头	8	5	7
7	熊熊曲奇	8	4	6
8	麻辣笋丝	8	3	8
9	宫保蘑菇	7	5	7
10				
11	平均值	8	5	7
12	最大值	9	7	8
13	最小值	7	3	6
14	极差	=B12-B13		

首先点击 Excel 表格中的空白单元格（B14），输入等号"="；然后再点击最大值所在的单元格（B12）；紧接着输入减号"－"；再点击最小值所在的单元格（B13）；最后按回车键，便能够计算出"口感"评分的极差了。这一步骤如图 3.4.8 所示。

图 3.4.8　极差的计算过程

同样地，我们再利用"横向填充"功能，就能够计算出"造型"和"营养"评分的极差了！从图 3.4.9 中可以看出，"口感"评分的极差是 2，"营养"评分的极差也是 2，但是关于"造型"评分的极差却是 4。

	A	B	C	D
1	菜品名称	口感	造型	营养
2	清炒桃丝竹	9	6	7
3	炝炒冷箭竹	9	5	7
4	水果拼盘	8	7	8
5	青草饼干	7	5	6
6	蜂蜜小馒头	8	5	7
7	熊熊曲奇	8	4	6
8	麻辣笋丝	8	3	8
9	宫保蘑菇	7	5	7
10				
11	平均值	8	5	7
12	最大值	9	7	8
13	最小值	7	3	6
14	极差	2	4	2

图 3.4.9　利用"横向填充"功能计算极差

在表 3.4.1 中，分别汇总了顾客对"口感""造型"和"营养"评分的平均值和极差。

表 3.4.1　平均值与极差

评价内容	口感	造型	营养
平均值	8	5	7
极差	2	4	2

看起来，顾客对彩色餐厅的"口感"和"营养"的评价都比较高，而且观点也比较集中。不过，大家对"造型"的评价有些低，而且看法的差异也比较大啊！

看来，彩色餐厅还要注重改进菜品的"造型"，让所有的菜品既好吃又好看！

数据分析百宝箱

平均值能够反映一组数据集合的平均水平，极差可以反映一组数据的差异范围。它们都是最常用的汇总统计指标，有助于了解和分析一组数据的基本情况！

二 想一想

请你回忆一下，计算平均值与极差的过程主要分为哪几个步骤呢？各步骤的具体操作是什么呢？快来总结一下吧！

（1）什么是平均值，利用 Excel 软件计算平均值的步骤是什么？

（2）在 Excel 软件中，如何计算最大值和最小值？

（3）什么是极差，用 Excel 软件计算极差的步骤是什么？

（4）计算平均值和极差有什么意义？

三 做一做

大家已经学会如何利用 Excel 软件计算平均值和极差了吗？快来尝试做一做，完成下面的糖果销售量数据的分析吧！

糖果销售

大森林中开设了一家糖果店，主要售卖话梅糖、桂花糖、酥心糖 3 种糖果。表 3.4.2 给出了近 10 天 3 种糖果的销售量情况。请你运用刚才学过的知识，分析一下糖果店的销售情况吧！

大家也可以打开本书"配套数据资源"中的 Excel 数据文件 **"平均值与极差—糖果销售 .xlsx"**（或扫描表 3.4.2 左侧的二维码下载），并进行操作。

表 3.4.2　近 10 天的糖果销售量数据　　（单位：千克）

时间	话梅糖	桂花糖	酥心糖
第 1 天	14	30	17
第 2 天	41	28	18
第 3 天	17	27	21
第 4 天	22	28	23
第 5 天	23	33	20
第 6 天	26	27	22
第 7 天	37	32	20
第 8 天	17	29	19
第 9 天	18	29	20
第 10 天	25	27	20

扫码打开文件

哪一种糖果的日销售量最多呢？哪一种糖果的日销售量变化范围最大？

你的分析步骤是什么呢？如果糖果的保质期有限，你对该店的糖果制作有什么建议吗？

晚霞染红了西边的天空，给云彩镶上了金色的花边。

今天寻找团子的旅程虽然有些曲折，但是我们品尝到了彩色餐厅的美食，还学习了很多有趣的统计知识。

谢谢你们的帮助了！今后，我们一定要运用数据分析技术，来持续改进餐厅的工作。

统计数据真的会说话哦！

孩子们，咱们该回家了！

4 综合练习

　　同学们，在和新新他们一起探索的旅程中，相信大家都已经学到了许多统计知识与绘图方法。希望你们能够理解并掌握其中的操作细节，并将相关方法应用到实际的生活与工作中去！

　　接下来的是全书的综合练习，希望大家学以致用，出色地完成任务！

4.1 问卷数据分析
——新星小学的科创训练营

近年来,新星小学已经连续举办了10届针对四年级、五年级同学的科创训练营。为了组织好每一次活动,带队辅导老师会对同学们进行问卷调查,收集一系列的数据信息。请你根据所给的《综合练习数据集》数据表以及作业提示,并努力发挥自己的想象力与探索精神,完成一份图文并茂的综合分析报告。

扫码打开《综合练习数据集》文件

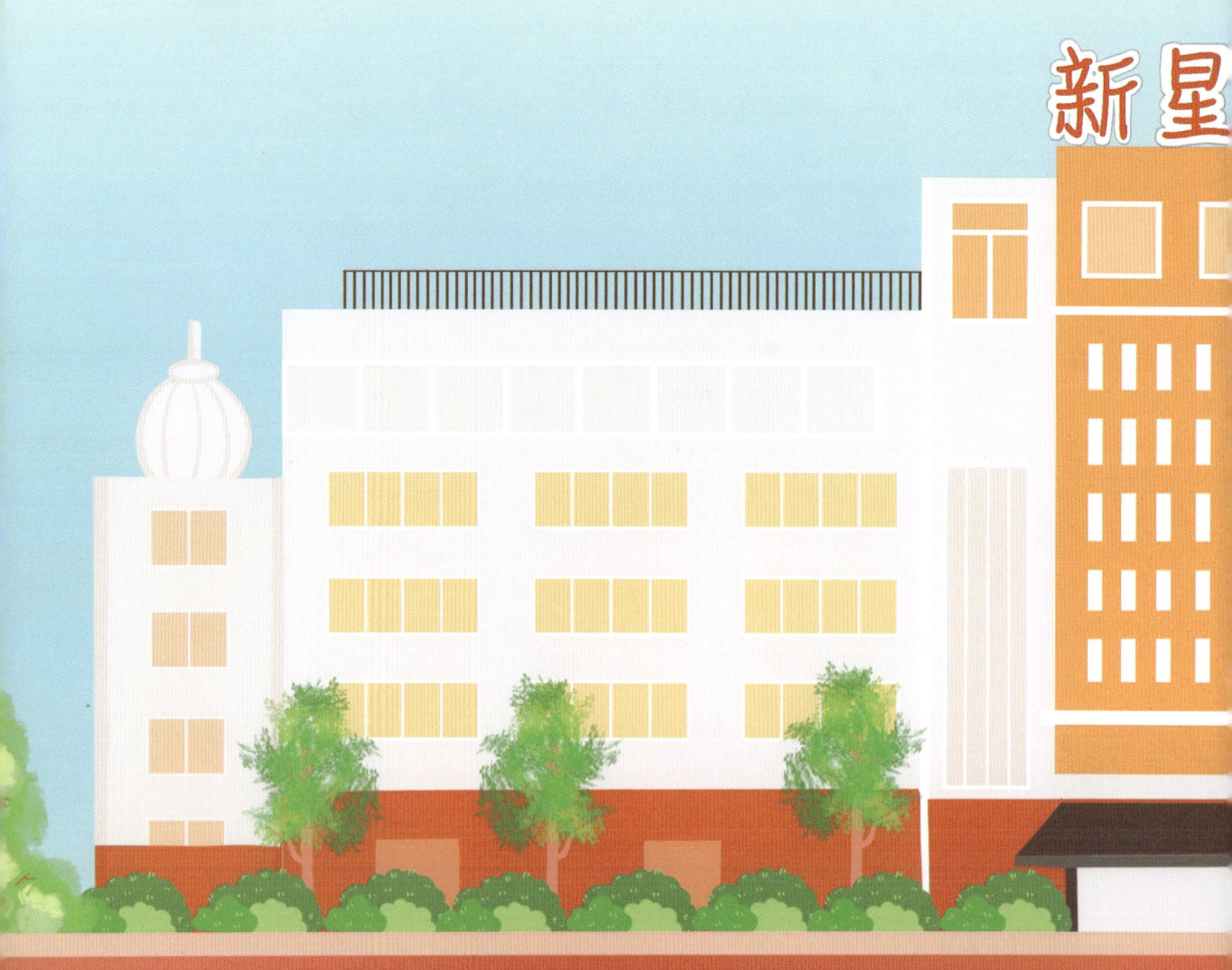

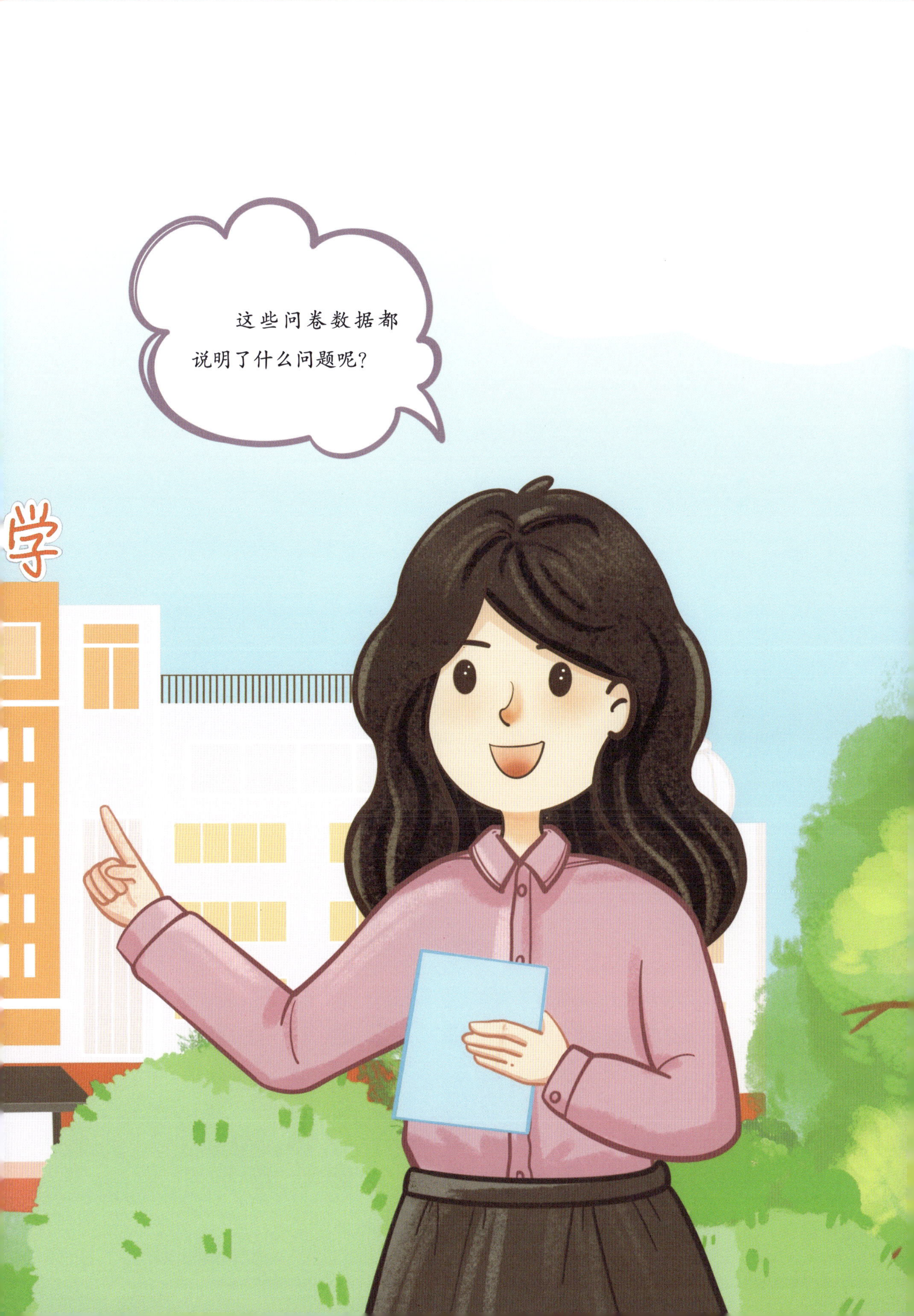
这些问卷数据都
说明了什么问题呢？

新星小学科创训练营的调查问卷

亲爱的同学,你好!欢迎你报名参加新星小学的科创训练营!为了更好地组织本届训练营的相关活动,请你认真填写以下有关信息。本问卷实行匿名制,所有数据只用于统计分析。题目选项无对错之分,请你按自己的实际情况填写,或者在合适的选项上打钩。感谢你的热情参与和积极配合!

问题 1 请问你所在的年级是:
(a)四年级　　(b)五年级

问题 2 请填写你的年龄(周岁):＿＿＿＿＿＿

问题 3 请问你的性别是:
(a)男　　(b)女

问题 4 请填写你的身高(单位:厘米):＿＿＿＿＿＿

问题 5 请填写你的体重(单位:千克):＿＿＿＿＿＿

问题 6 请问你最喜欢的队服是以下哪种颜色的?(单选题)
(a)白　　(b)黑　　(c)蓝　　(d)绿

问题 7 请问在以下这4门课程中,你最喜欢的课程是哪个?(单选题)
(a)数学　　(b)语文　　(c)英语　　(d)科学

问题 8 请你为自己在以下6方面的能力打分(1为最低分,10为最高分):

学习能力:① ② ③ ④ ⑤ ⑥ ⑦ ⑧ ⑨ ⑩
体育运动:① ② ③ ④ ⑤ ⑥ ⑦ ⑧ ⑨ ⑩
文艺表演:① ② ③ ④ ⑤ ⑥ ⑦ ⑧ ⑨ ⑩
动手实践:① ② ③ ④ ⑤ ⑥ ⑦ ⑧ ⑨ ⑩
表达能力:① ② ③ ④ ⑤ ⑥ ⑦ ⑧ ⑨ ⑩
团队合作:① ② ③ ④ ⑤ ⑥ ⑦ ⑧ ⑨ ⑩

问题 1 请问你所在的年级是：

(a) 四年级　　　　(b) 五年级

通过对历年问卷中"问题1"中的数据进行整理，我们得到了表4.1的数据，其中给出了从第1届到第10届新星小学报名参加科创训练营的学生人数。

（1）请根据表4.1，绘制一张反映各年级报名人数变化的折线图，并对各年级报名人数的变化规律进行解读。

（2）请绘制出一张百分比堆积面积图，并说明各年级报名人数比例的动态变化趋势。

表4.1　科创训练营的报名学生人数　　（单位：人）

届次	四年级	五年级
1	11	18
2	12	20
3	13	19
4	15	20
5	16	22
6	18	23
7	20	23
8	22	24
9	25	23
10	28	24

问题 2 请填写你的年龄(周岁):_____

通过对第 10 届问卷中"问题 2"的数据进行整理,我们得到了表 4.2。这张表格给出了四年级、五年级报名同学的年龄情况。

请你尝试通过绘制柱形图或者饼图,分析各年级同学的年龄分布情况。并比较这两种图形各有什么优缺点。

表 4.2 报名同学的年龄分布

四年级		五年级	
年龄/周岁	人数/人	年龄/周岁	人数/人
9	2	10	2
10	15	11	17
11	11	12	5

小朋友,你几周岁了?

问题 3　请问你的性别是：
　　　（a）男　　　　　（b）女
问题 4　请填写你的身高（单位：厘米）：＿＿＿＿＿＿
问题 5　请填写你的体重（单位：千克）：＿＿＿＿＿＿

在第 10 届报名的五年级同学中，恰好有 12 位男生和 12 位女生。他们的身高（单位：厘米）与体重（单位：千克）的数据请参见表 4.3。

（1）请用分别计算五年级男生、女生身高的平均值，并计算身高数据的极差。同样的，你也可以计算体重数据的平均值与极差。

（2）请分别绘制反映男生和女生身高与体重关系的散点图，使散点图的 x 轴为体重数据，y 轴为身高数据。并借助散点图分析身高和体重之间的关系。此外，请绘制一张同时包含所有同学身高与体重数据的散点图，并尝试对这张图的信息进行解释。

表 4.3　五年级学生的身高和体重

男生		女生	
身高/厘米	体重/千克	身高/厘米	体重/千克
140	34	141	31
151	43	147	39
152	42	151	41
146	35	141	33
145	39	148	36
148	38	153	40
148	40	143	34
142	35	148	37
147	37	139	31
140	38	150	39
148	39	145	35
145	36	146	36

问题6 请问你最喜欢的队服是以下哪种颜色的?(单选题)

（a）白　　　　（b）黑　　　　（c）蓝　　　　（d）绿

针对第10届报名同学的问卷调查数据，我们分别统计了四年级、五年级同学们所喜欢的队服颜色的相关数据，请参见表4.4。

（1）请尝试使用柱形图或数据条图表，分析不同年级学生对不同颜色的喜好程度。

（2）请尝试绘制一张有群组关系的树状图，并说明不同年级同学们的颜色喜好情况。

（3）如果需要为四年级、五年级学生分别定制队服，那么各个年级的队服应该选用什么颜色呢？为什么？

表4.4　喜欢各种队服颜色的人数　　　　（单位：人）

队服的颜色	四年级	五年级
白	14	6
黑	7	3
蓝	3	11
绿	4	4

问题 7 请问在以下这 4 门课程中，你最喜欢的课程是哪个？（单选题）

（a）数学　　　　　（b）语文　　　（c）英语　　　（d）科学

针对第 10 届报名同学的问卷调查数据，我们分别统计了四年级、五年级同学们喜欢各类科目的人数（表 4.5）。

（1）请尝试使用柱形图或数据条图表，分析不同年级学生对各门课程的喜好程度。

（2）请绘制反映两个年级学生喜欢科目情况的堆积柱形图。

（3）在这个问题中，你觉得哪张图表中的信息更加清晰？你从中得出了什么结论呢？

表 4.5　喜欢各类科目的人数　　　（单位：人）

科目	四年级	五年级
数学	8	8
语文	7	5
英语	3	3
科学	10	8

问题8 请为自己在以下6方面的能力打分（1为最低分，10为最高分）：

学习能力：① ② ③ ④ ⑤ ⑥ ⑦ ⑧ ⑨ ⑩
体育运动：① ② ③ ④ ⑤ ⑥ ⑦ ⑧ ⑨ ⑩
文艺表演：① ② ③ ④ ⑤ ⑥ ⑦ ⑧ ⑨ ⑩
动手实践：① ② ③ ④ ⑤ ⑥ ⑦ ⑧ ⑨ ⑩
表达能力：① ② ③ ④ ⑤ ⑥ ⑦ ⑧ ⑨ ⑩
团队合作：① ② ③ ④ ⑤ ⑥ ⑦ ⑧ ⑨ ⑩

针对第10届报名同学的问卷调查数据，我们分别统计了四年级、五年级同学们关于各项能力的自我评价分数的平均值（表4.6）。

（1）请绘制出反映四年级、五年级学生各项能力自我评分的雷达图。如果你是带队辅导老师的话，这个分析结果对你的工作有什么启示？

（2）请利用表4.6，绘制出反映四年级、五年级学生各项能力打分的色阶图表，并比较雷达图与色阶图表之间的差异。

（3）请分别对四年级、五年级同学的能力评分进行排序分析，你从中得到了什么有参考意义的信息呢？

表4.6 各项能力的自我评价分数的平均值 （单位：分）

年级	四年级	五年级
学习能力	8	8
体育运动	9	7
文艺表演	9	7
动手实践	8	8
表达能力	9	9
团队能力	7	9

作为带队的辅导老师，请你对新星小学第10届科创训练营的组织管理工作提出自己的建议。

后记

这是一本关于描述性统计知识的科普读物，主要面向中小学生，介绍了如何使用 Excel 软件绘制统计图表，并且探究和展示数据集合中的特征与规律。在《点亮科学梦想》丛书中，《数据分析思维》所对应的学习内容既可以配合创意设计中的调查研究工作，也可以提升同学们的数据可视化能力以及计算机操作技能。

在"数据分析思维"的课程教学中，我们发现了一个十分神奇的现象。有许多山区的小朋友之前从来没有接触过计算机知识，然而只需要半天的时间，他们就一个个都变成了自主化学习的"小神通"了！只要志愿队的哥哥姐姐们打开一个"下拉菜单"，教给他们一两个功能，他们便会把这个菜单中的所有功能都尝试一遍，然后会很快掌握远远超越我们预期的操作技巧。孩子们对数据分析技术的热爱与热情，曾给予了我们极大的鼓舞和信心！而他们超强的学习能力与探索精神，是一座多么丰富而有待发掘的宝藏啊！

在我们满怀憧憬写作这本书的过程中，每一位身在其中的作者，都付出了辛勤的劳动、供献了闪光的创意。李敏同学负责了全书的绘画和排版工作；刘杨杨和高德政同学编写了这本书的童话故事线，他们和卢嘉霖同学还参与了部分章节的初稿写作；王晓情同学编写了第 1.1 和第 1.2 节；吴祁颖同学写作的章节是第 1.3 节、第 1.4 节、第 3.1 节和第 3.4 节；孔博傲同学负责的是第 2.4 节、第 3.2 节、第 3.3 节以及综合练习。王惠文老师负责全书的总体设计、统稿工作，以及其余章节的编写。

特别感谢叶强老师、王硕老师加入了我们的团队，他们对版式设计和美术创作的策划与指导，为我们开启了一种全新的思维模式！其实，正是在李敏同学的第一稿设计出来以后，看见她创作出来的那些栩栩如生的画面，我们才兴奋地"看见"了这本书将要面世的模样。所以，科学与美术的结合是多么重要啊！这是我们一起合作创作这本科普读物的一个重要心得。

在本书的写作过程中，我们得到了北航大学生科技志愿服务队董卓宁老师的多方面指导。共青团北京航空航天大学委员会的庄岩老师为本书写作提出了很多宝贵建议。微软公司的高级解决方案专家陆永宁老师也对本书的成稿给予了重要支持。在本书出版之际，笔者愿借此机会，衷心感谢所有支持和帮助我们的老师、同学和朋友们！

由于作者的水平有限，书中难免存在缺点与错误，敬请读者批评指正。